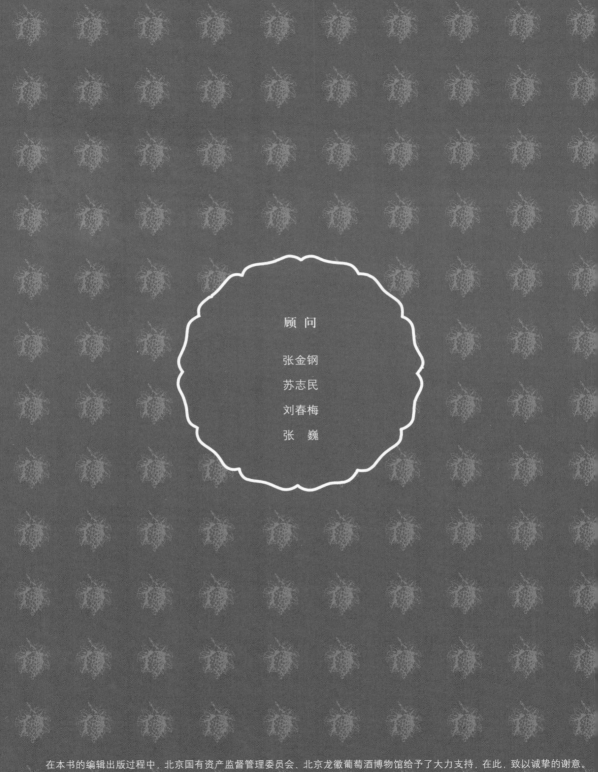

顾 问

张金钢

苏志民

刘春梅

张 巍

在本书的编辑出版过程中，北京国有资产监督管理委员会、北京龙徽葡萄酒博物馆给予了大力支持。在此，致以诚挚的谢意。
书中有关龙徽葡萄酒博物馆以及龙徽葡萄酒的相关照片图片均由北京龙徽葡萄酒博物馆提供，并仅限于此书使用。

◎编著

许庆元

博物馆

北京龙徽葡萄酒

北京日报报业集团

同心出版社

# 目 录 | contents

# 京华故梦，
# 葡萄的前世今生

在北京，说到酒，人们想到的便是醇厚绵香的二锅头，很少有人能将葡萄酒融入京华故梦之中。偏巧，京城还真有座鲜为人知的葡萄酒博物馆。

对于国人来说，葡萄酒一直带着几分舶来品的距离感，远不如白酒、黄酒那么平易近人。有些葡萄酒爱好者往往也是"醉翁之意不在酒"，追求的是葡萄酒的风雅，至于酒，倒是其次了。

许多事物往往被人为赋予了太多的象征意义，其最本质、最直接的内在反而被淡忘了，葡萄酒便是如此。如今，人们时常用它来划分时尚品味、生活方式甚至社会阶层，却忘记了它的最初与本真。

2012 年的一部电影《LOVE》讲述了"这种人"与"那种人"之间的爱情，连葡萄酒也人为地变成了划分两种人的标签。仿佛，"这种人"就只懂得饭桌上来瓶"中国红"，而"那种人"才能品味"贵腐"甜入骨髓的颓废。

想到这儿，真想替全世界的葡萄，不，是葡萄酒，问一句：您知道我是谁吗？脑海中接茬的回答便是以周星驰在《喜剧之王》中一本正经的腔调吐露出来的心声：其实，我只是颗葡萄。

葡萄酒让葡萄这种植物通过自我发酵以酒为载体延续了生命，差别在于受葡萄品种、风土、储存等因素的影响，不同葡萄酒的风味和生命曲线也不同。有的长些，有的短些，短的甚至经不起橡木桶的储存便达到了最佳熟化适宜饮用的时间，长的或许桶储一百多年仍然没有大熟。

　　虽然某种程度上说，能抵御时光流逝历久弥香的方为佳酿，但不同的葡萄酒，就像不同的人，都有着个体独特的魅力所在，无关这种与那种，不分贵贱与等级，陈酿有陈酿的醇厚，新酒有新酒的鲜美。

　　与其盲目追求品评葡萄酒的高贵范儿，不如先从葡萄萌芽开始了解一下葡萄酒的历史与酿制过程。张爱玲说，因为懂得，所以慈悲，似懂非懂的时候，说得再振振有词，都是说给别人听的。

　　虽然中国的葡萄酒文明与欧洲相比年轻而单薄，但依然有着自己的历史和故事，如果说世界葡萄酒文明是一幅波澜壮阔的风景拼图，那么每一个碎片都记录着独特的光影流年。

　　走吧，跟我一起，寻遍京城犄角旮旯，找到那家藏在深巷的葡萄酒博物馆，像童谣里的那只执着的小蜗牛，先爬上门前那棵葡萄树看看，再来谈京华故梦中葡萄酒的前世今生。

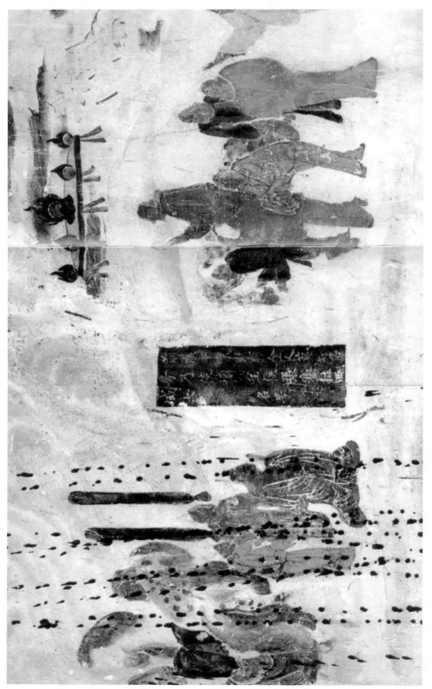

敦煌壁画中张骞出使西域的场景。汉武帝听说过张骞对"蒲陶"佳酿的生动描述后专门派人引进栽培。唐朝诗人李颀《古从军行》中的诗句"年年战骨埋荒外,空见蒲桃入汉家"指的便是这段旧事。

五代十国时南唐顾闳中所画《韩熙载夜宴图》局部，对于"放意杯酒间，竭其财，致伎乐，殆百数以自污"的韩熙载来说，葡萄酒肯定也常为其杯中之物。当时的诗人刘复就曾留有"细酌蒲桃酒，娇歌玉树花"的诗句。

北宋宋徽宗赵佶的《文会图》，赵佶亲笔题诗："儒林华国古今同，吟咏飞毫醒醉中。多士作新知入彀，画图犹喜见文雄。"
北宋时，葡萄自然发酵酿酒术由河东太原传到京师开封。

明代宫廷写本《食物本草》中的葡萄酿酒图，中医药学家李时珍曾在《本草纲目》多处提到葡萄酒的酿造方法及其药用价值。

清朝孙温所绘《红楼梦》中元妃省亲的宴饮场景，书中曾多次提到"西洋葡萄酒"。清朝后期，由于海禁开放，葡萄酒品种明显增多。

壹·

走进前，先走近

# 中国古代葡萄酒文明

　　在走进博物馆前，让我们先将思绪放远一点，犹如童谣里的小蜗牛一步步爬上门前的葡萄树，顺着历史与文明的螺旋渐次向上，探寻一下葡萄酒在中国古代的蛛丝马迹。

　　葡萄酒不单单是一种酒，它是文明，是历史，是艺术，一部葡萄酒的历史也近乎一部完整的人类史。中国葡萄酒文明是一个矛盾体，既古老又年轻。

　　法国对外贸易顾问委员会（CNCCEF）在《走向2050年的葡萄酒世界》这一研究报告中曾提出关于葡萄酒的三个世界划分，除了原来的"旧世界"（Old World）和"新世界"（New World），还有一个"新新世界"（New New World），包括了中国、巴西、印度、东欧和北非。

　　而在《牛津葡萄酒百科全书》中，中国则与埃及、伊朗、希腊等被归类为"古文明世界"（Ancient World），因为相关考古研究结论表明，这些地区在公元前3000年以前就已经存在葡萄酒文明。

　　20世纪80年代，河南省贾湖遗址出土了一批新石器时代的陶器，陶器内壁上附着了一些不明沉淀物，负责此次考古的张居中教授与美国宾夕法尼亚大学考古与人类学教授帕特里克·麦克戈温合作，对沉淀物质进行了化学分析，研究证实，沉积物中含有酒类挥发后的酒石酸和单宁酸，其成分有稻米、蜂蜜、山楂、葡萄，与现代草药所含的某些化学成分相同，根据 $C_{14}$ 同位素年代测定，其年代在公元前 7000 年至公元前 5800 年间。

贾湖先民当仁不让地成为了人类已知的最早饮用含有葡萄成分的酒精饮料的人群之一。只可惜，在此后的漫长时光中，贾湖酒酿未能留给后世任何痕迹，先人们的秘制陈酿如同历史星空一片绚烂的烟火，华丽登场，转瞬即逝。

在这次并无确凿文字记载的原始社会末期中国葡萄酒酿制的孤立壮举昙花一现之后，葡萄酒、葡萄便从中华文明中彻底隐匿，直到公元前 126 年才挟着异域的风情从出塞归来的张骞口中隆重登场。张骞出使归来，向汉武帝刘彻声情并茂地描述西域的风土人情：遥远的大宛，有日行千里的汗血宝马，更有经久耐陈的"蒲陶"佳酿。这种醇美浓郁的果子酿酒被当地达官贵人数千石甚至上万石地珍爱窖藏着，数十年不变质，历久弥香。

听了张骞生动的描绘，汉武帝酒虫馋动，当即宣布派本朝技术人员远赴西域引进"蒲陶"，在帝都长安选择肥沃的土地进行栽培。太史令司马迁将此事记录下来，写进了流传千古的《史记》之中，这也成为中国历史上关于"蒲陶"的第一份文献记载。

如今我们所说的"葡萄"二字，就是由《史记》中的"蒲陶"通假而来，究竟这个词是音译还是意译，众说纷纭，莫衷一是。按照音译的说法，"蒲"在《史记》、《汉书》等古籍文献涉及西域的部分中经常出现，例如，"蒲昌海"、"蒲犁国"等，几乎全部是地名，所以，"蒲"

贾湖遗址出土的陶器碎片，内壁附着的沉淀物中含有葡萄单宁成分。

公元前 378 到 372 年，打造于土耳其小亚细亚的银币，正面图案为坐在方凳上的波斯太阳神，一只鸽子停留在其肩上，左手握着花束和一串葡萄。

字应该是西域古语中的某个常用音节的汉字音译。而"蒲陶",许多专家学者均倾向于其源于波斯语 Budawa。

公元前 323 年,纵横欧亚非、建立辽阔疆域的亚历山大大帝在巴比伦一次痛饮纯酒之后死于原因不明的高烧(肝衰竭症状,一说因中毒,一说因酗酒),他建立的庞大帝国被一分为三,其中最东方是位于今日叙利亚的塞琉古王朝,他们继承波斯语言,称葡萄为 Budawa。随着帝国不断向东扩张,Budawa 一词和它代表的藤蔓植物一直推进至帕米尔高原。而张骞出使的大宛国就位于帕米尔高原西麓。而后,在大汉与西域的文化交流中,Budawa 越过天山、昆仑山、穿越塔克拉玛干,传入长安,并被司马迁记作"蒲陶"。

而史书中明确记载葡萄酒出现在中土,则是由于一桩政治丑闻。西晋史学家司马彪在《续汉书》中写道:东汉末年,陕西扶风县大富豪孟陀用一斛上品葡萄酒,成功贿赂了"十常侍"之一的张让,借此获封凉州刺史,平步青云。由此可见,在当初刘彻"一时帝王欲"的推动下,"蒲陶"种子与成品"蒲陶"酒已然被引入大汉,只不过酿制方法未能同葡萄种植一样被广泛普及,不然,葡萄酒也不会如此珍贵了。

中国首次自酿葡萄酒的直接文字记载在唐朝,这次的帝王推手则是唐太宗李世民。《册府元龟》中这样说道:葡萄酒虽然西域一直都有,前代或许也曾有所贡献,不过还是不为大多数人所知。直到太宗李世民攻破西域高昌国时,引进种植了一种马奶葡萄,并得到了一个酿酒秘方。随后,唐太宗亲自进行技术革新方法改良,酿得了一种美酒,"凡有八色,芳辛酷烈,味兼缇盎",赏赐群臣后,京城渐渐风靡。

口感"芳辛酷烈",更像是葡萄烧酒,即以葡萄为原料,经发酵、蒸馏制成的酒,也就是洋酒中的白兰地。高昌国是丝绸之路上一座富庶的据点,唐太宗得到的这种酿酒之法自然与中亚和西方文明有着千丝万缕的联系,由此可见,中国有记载的最早的葡萄酒酿造方法是古代不同文明碰撞的成果。

只可惜,李世民的酿酒秘方失传,后世无法确认此酒究竟属于葡萄酒中的哪一类。中国古代的葡萄酒酿造总是一个断层接着一个断层，虽滴水存续却一直未能汇成巨流，直到元代，蒙古人的铁蹄几近踏遍欧亚大陆，中国古代葡萄酒也迎来了极盛时期。

　　首先，来自中亚的葡萄酒再度被贵族阶层青睐，其次，民间也开始量产葡萄酒并公开发售，山西安邑的葡萄佳酿一度成为奉上的贡品，这一影响直到今天还留有痕迹。由于蒸馏技术的发展，《饮膳正要》中记载，元朝还开始生产葡萄烧酒（白兰地），明朝李时珍在《本草纲目》中也记载了西域的葡萄烧酒，不知这是否就是失传的唐太宗当年的秘方。到了明清两代，由于闭关锁国，中国葡萄酒也日渐衰落。

　　经过一番历史梳理可以看出，中国葡萄酒文明源远流长，却并不是自然原生，而是与其他文明无数次交流与碰撞的结果。元朝同一时期，欧洲的葡萄酒文明经过漫长的中世纪以及基督教的推动也完全发展成熟。有教堂的地方，就有葡萄酒；有修士的地方，就无需酿酒师。

　　当西方的大炮轰开了清朝闭锁的国门，中西葡萄酒文明发生了最为激烈的一次碰撞。这一时期古老的东方文明再也抵挡不住西化的大潮，传统的、零落的本土葡萄酒文化受到冲击，并开始吸收和融入欧洲葡萄酒文化。

高昌古城遗址。高昌位于今新疆吐鲁番东南之哈喇和卓，是古时西域的交通枢纽。唐太宗攻破高昌，引进种植了一种马奶葡萄，并得到了一个酿酒秘方。

史书残存的有关酿酒的文献

达·芬奇名画《最后的晚餐》。《圣经》中 521 次提及葡萄酒，耶稣在最后的晚餐上说"面包是我的肉，葡萄酒是我的血"。

# 旧世界与新世界

葡萄酒的产地，以历史上葡萄种植与酿酒技术的传播进程来划分，可概略分为旧世界和新世界两大部分。

旧世界酿酒历史悠久而又注重传统，从葡萄种植到装瓶营销，有着严格而详尽的规矩，代表性产国有法国、意大利、西班牙、德国等。

旧世界产区必须遵循政府法规酿酒，酿制葡萄酒有既定的公式，如未遵照法规酿制，一般只能被列为普通餐酒，不得标示产区名及年份。每个葡萄园有固定的葡萄产量，产区分级制度严苛，难以更动，用来酿制贩卖的葡萄酒更只能是法定品种。

与酿酒历史悠久的欧洲产酒国不同的是，新世界葡萄酒产区自由创新，酿造法相对无规则可循，无特定的产区分级制度，葡萄品种繁多，自由混搭酿造，并发展出一套不同于旧世界的生产技术，力求酿造有别于旧世界既定法则下的理想葡萄酒。

新世界产区有美国、澳大利亚、南非、阿根廷、智利等，多以消费者喜好为导向，以物美价廉的策略，与注重质量与标准的旧世界葡萄酒争夺市场。

不过，随着时代的发展，如今新旧世界多少都会吸收彼此的优点，二者之间不再壁垒分明，相互的界线也日渐模糊。

古波斯葡萄酒绘画作品。大多数历史学家与考古学家认为波斯（今伊朗）是最早酿造葡萄酒的国家，葡萄的第一次发酵，极有可能是储存时在葡萄皮上野生酵母的帮助下偶然发生的。

# 葡萄酒起源说

有关葡萄酒的起源，众说纷纭，莫衷一是，大多数历史学家与考古学家认为波斯（今伊朗）是最早酿造葡萄酒的国家。在伊朗北部扎格罗斯山脉一个新石器时代晚期的村庄，曾发掘出一个罐子，证明了人类在距今7000多年前就已开始饮用葡萄酒。

对此，还有一个无考证的传说：一位古波斯国王非常喜欢食用葡萄，为防他人偷吃，他将吃不完的葡萄藏在密封的罐中，写上"毒药"二字。恰逢一位妃子被打入冷宫，生不如死，无意间发现这罐"毒药"，便起了轻生的念头。没想到饮用了"毒液"，却身心愉悦，飘飘欲仙，妃子盛了一杯呈送国王，国王饮后大悦，自此便颁布了命令，专门贮藏成熟的葡萄，压紧盛在容器内进行发酵，以便得到葡萄酒。

在战争与通商的影响下，葡萄酒酿造方法传遍了以色列、叙利亚、小亚细亚等阿拉伯国家。虽然葡萄酒酿制行业由于伊斯兰教的禁酒律而在阿拉伯国家日渐衰微，却从波斯、埃及等国传到了希腊、罗马。古罗马帝国的军队征服欧洲大陆的同时也推广了葡萄种植和葡萄酒酿造，公元1世纪时，征服高卢（今法国），法国葡萄酒就此起源。

而后，葡萄酒的酿造技术和消费习惯由希腊、意大利和法国传到欧洲各国。由于欧洲人信奉基督教，《圣经》中521次提及葡萄酒，耶稣在最后的晚餐上说"面包是我的肉，葡萄酒是我的血"，故基督教徒把葡萄种植和葡萄酒酿造视为神圣的工作。葡萄酒便在欧洲各国兴盛风靡起来。

而龙徽葡萄酒博物馆也与西方基督教对葡萄酒的推动有着莫大的渊源。

# 近代葡萄酒文明

　　葡萄的生命在葡萄酒中得到了延续，每一瓶葡萄酒都有一个属于自己的故事，这故事从种植葡萄的酒庄葡萄园开始，每一个酒庄都有一段属于自己的历史。

　　中国的葡萄酒文明是个矛盾体，既有古老的渊源，也遭遇传承的断层，既有中西文明的碰撞，也有自己的个性与特色。

　　可以讲述故事的葡萄酒才是真正有韵味的葡萄酒，而一个葡萄酒厂的历史，有时就是一个国家、一个城市历史的缩影。龙徽葡萄酒博物馆正是这样一个所在。

　　1900 年前后，成熟的葡萄酒工业文明在中国登陆，地点分别是山东和北京。

　　一方面，商人企图用工业化的方法来刺激中国的葡萄酒需求；另一方面，宗教力量的推动使得本土葡萄酒酿制成为宗教仪式的一部分。张裕属于前者，龙徽缘起于后者。

　　中国葡萄酒的现代酿造史，肇始于清光绪十八年（1892 年），"南洋首富"、爱国华侨张弼士先生在烟台创办了张裕酿酒公司，从西方引入了优良的葡萄品种，并引入了机械化的生产方式，贮酒容器从瓮改为橡木桶，正式

欧洲的葡萄酒文明经过漫长的中世纪以及基督教的推动逐步发展成熟。有教堂的地方，就有葡萄酒；有修士的地方，就无需酿酒师。

开启了中国葡萄酒的工业化酿造时代。

1914年，位于山东青岛市湖南路的德国杂货商创立了青岛地区第一家葡萄酒作坊。数年后，这家作坊转入德商福昌洋行名下，1930年又被卖给另一位德商美最时洋行，因其德文名称是 Melcher & Co，遂取其字头合成 MelCo，中文音译"美口"，所以该酒厂命名为美口酒厂，建国后改名为青岛葡萄酒厂。

1921年，山西人张治平创建山西清徐露酒厂，当时称作益华酿酒公司。最初建厂动机是振兴民族工业，生产自己的葡萄酒来代替舶来品。建厂之初曾购进法国设备并建有地窖，容器均为当地自制的瓷坛，产品有炼白酒、高红酒、白兰地、葡萄纯汁、葡萄烧酒等。

吉林通化葡萄酒厂是在伪满时期1938年由日本人木下溪所建，1941年厂址变迁并扩大规模，改为通化葡萄酒株式会社。1944年日本军队下令将其改为军工厂，生产酒石酸钙。日本投降后，该厂先后被国民党和八路军接管。

龙徽葡萄酒厂的前身是1910年成立的上义学校酿造所，后来改为上义洋酒厂，是天主教圣母文学总院为圣母文学会及全国各地天主教举行弥撒用酒而附设的葡萄酒厂。当时的葡萄由法国引入，种植在黑山扈。

中国近代葡萄酒的启蒙，大多与天主教会的活动有关。从新中国成立前夕尚有经营活动的7个酒厂的情况看，只有两个是中国人建的，其他5个都是外国人建的。1949年，上述5个代表酒厂的总产量为115吨左右。

从四百年前的一座天主教墓园到如今的百年酒厂，龙徽作为中国早期葡萄酒文化的象征，于近代再次卷进文明的碰撞与融合，并成为原生西方葡萄酒文明移植中国的起点，见证了欧洲原生葡萄酒文明移植到中国的全部历程。

窥一斑而知全豹，参观龙徽葡萄酒博物馆，如同浏览中国近代葡萄酒文明与工业化发展的缩影和片段，体味北京地区的葡萄酒文化如何在中西方文明的碰撞与交流中发酵、沉淀、融合，回顾北京酿酒行业如何在困境中摸索，在时代中发展，使中国葡萄酒的芬芳散入寻常人家，广传世界各地。

让我们在学会品评葡萄酒的同时，走近这段弥漫着葡萄酒香的历史。

# 中国古代葡萄酒酿法

　　中国古代葡萄酒酿造业的发展未能同欧洲一般蓬勃发展，与中国古代酿酒方法的传承有一定关系。中国古代的葡萄酒的酿造技术主要有自然发酵法和加曲法。

　　葡萄酒应该采取自然发酵法，因为葡萄无需酒曲也能自然发酵成酒，葡萄皮表面本来就生长有酵母菌，可将葡萄发酵成酒。从西域学来的葡萄酿酒法应该就是自然发酵。唐代苏敬的《新修本草》云："凡作酒醴须曲，而蒲桃、蜜等酒独不用曲"。

　　但我国酿酒多用加曲发酵法，以曲酿酒历史悠久，成为中国酿酒人传统观念中根深蒂固的一部分。加上古代信息与技术传播的屏障，有些地区还不懂葡萄自然发酵酿酒的原理。于是在一些记载葡萄酒酿造技术的史料中，常可看到添加酒曲的制法。

　　如北宋的著名酿酒专著《北山酒经》中所收录的类似黄酒酿造法的葡萄酒法："酸米入甑蒸，气上，用杏仁五两（去皮尖）。蒲萄二斤半（浴过，干，去皮、子），与杏仁同于砂盆内一处，用熟浆三斗，逐旋研尽为度，以生绢滤过，其三斗熟浆泼，饭软，盖良久，出饭摊于案上，依常法候温，入曲搜拌。"该法中葡萄经过洗净，去皮及籽，正好把酵母菌都去掉了，如此，葡萄只是作为一种配料出现，不能称为真正意义上的葡萄酒。

　　葡萄并米同酿的作法甚至在元代的一些地区仍在采用。如元代诗人元好问在《蒲桃酒赋》的序言中写道："刘邓州光甫为予言：吾安邑多蒲桃，而人不知有酿酒法，少日尝与故人许仲祥，摘其实并米饮之，酿虽成，而古人所谓甘而不饴，冷而不寒者，固已失之矣。"

明代宫廷写本《食物本草》中的白酒及醇酒酿造图

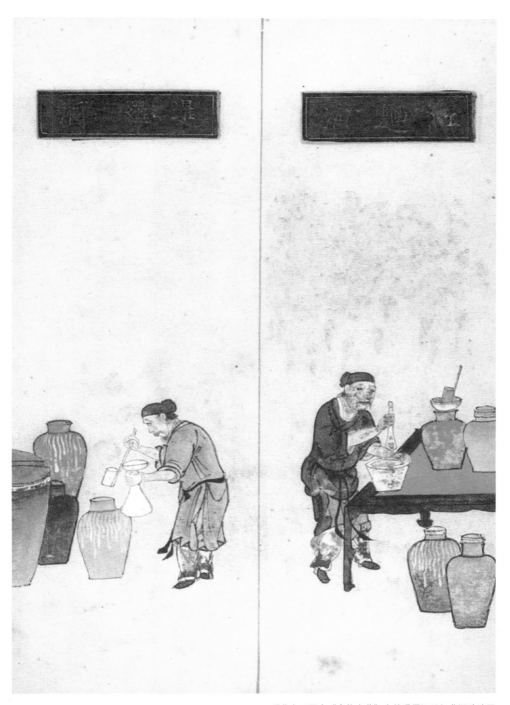

明代宫廷写本《食物本草》中的暹罗酒及红曲酒酿造图

# 葡萄酒三误区

## 葡萄酒并非水做的

"哪里的水好，哪里的酒就好"这句话适用于中国白酒，却并不适用于葡萄酒。葡萄酒的主要成分有水、酒精、单宁、酸、芬芳物质、颜色、少量的糖等，但葡萄酒中的水并非人工添加的，而是葡萄果实中自带的"生命之水"。虽然市面上不乏以水勾兑浓缩葡萄酒浆甚至香精等添加物的"葡萄酒"，但这种都算不上真正的葡萄酒。按照国际葡萄酒组织的规定：葡萄酒只能是破碎或未破碎的新鲜葡萄果实或汁液完全或部分酒精发酵后获得的饮料，其酒精度一般在8.5%vol 到 16.2%vol 之间。

## 红酒与葡萄酒无法等同

许多人将葡萄酒与红酒混为一谈，其实红酒只是红葡萄酒的简称，通常来说，葡萄酒分为红葡萄酒和白葡萄酒。红葡萄酒与白葡萄酒生产工艺的主要区别在于：白葡萄酒是用澄清的葡萄汁发酵的，而红葡萄酒则使用皮渣（包括果皮种子和果梗）与葡萄酒汁混合发酵的。葡萄根据颜色不同分为白色品种（白皮白肉）、红色品种（红皮白肉）和染色品种（红皮红肉）三大类。葡萄的红色素只存在于葡萄皮中，生产白葡萄酒要将葡萄汁迅速压出，防止皮中色素溶解在葡萄汁中，生产红葡萄酒则要使皮中红色素溶解在葡萄汁中。白色品种只能酿造白葡萄酒，染色品种只能酿造红葡萄酒，而用红色品种可酿造从白色到深红色的颜色各异的各种葡萄酒。

## 葡萄酒未必就是陈的香

每种葡萄酒的生命周期都是不同的，短则半年，长则数年数十年，上好佳酿甚至长达百年之久。葡萄酒的生命期限主要取决于葡萄品种及其本身的素质，一些世界名庄的正牌酒一般都需要十年才能成熟，而市面上的普通葡萄酒的生命周期也就在两三年间。

# 博物馆初掠影

北京海淀区玉泉路上藏着一座许多人不知道的特色博物馆——龙徽葡萄酒博物馆，这里是北京地区唯一一座葡萄酒博物馆，也是北京为数不多的工业旅游基地之一。

对于诸多老工业基地来说，"卖地、搬迁、建新址"是其常规的重生历程，然而，这种略显呆板的发展方式致使众多珍贵的工业遗迹、遗址遭到了严重破坏，使原有的底蕴损失殆尽。而这座在原有车间、酒窖基础上扩建的关于中国葡萄酒的行业博物馆恰恰最大程度地保留下了有关京城葡萄酒酿制的珍贵的工业遗产。

站在路边的龙徽葡萄酒厂西门，一眼就能看到这座讲述北京葡萄酒百年文化及历史发展的博物馆，仿明清建筑风格，古色古香，朴拙厚重。其整体建筑是仿照当年酒厂旧址所建，锯齿型屋顶还依稀可见当年生产车间的规模。

进入博物馆，首先映入眼帘的是一个镶有数条飞舞金龙的橡木桶。橡木储酒至今已有几千年的历史了，对于葡萄酒来说，这一催其熟化的幕后功臣赋予了陈酿许多的内涵。

博物馆按照参观顺序可分为时空走廊、起源厅、老工具厅、香槟工艺厅、企业发展厅、产品展示厅、字画走廊、地下酒窖、世界葡萄酒产区分布图、

博物馆一旁的仿照老厂翻建的办公楼

博物馆参观入口处

时空走廊的照片墙

起源厅

博物馆所在的院落

地下酒窖瓶储廊

博物馆进门处镶有数条飞舞的金龙的橡木桶，对于葡萄酒来说，这一催其熟化的幕后功臣赋予了陈酿许多的内涵。

博物馆一旁的红酒会所

博物馆休息处

个性化展柜、商品厅几大部分，以其百年厚重的文明秘闻，如同一位饱经沧桑的老者语重心长，将中国近现代葡萄酒的百年汗青娓娓道来。

在简单领略过龙徽葡萄酒博物馆的概貌后，让我们再将视角拉近，细细探究博物馆的犄角旮旯，让葡萄酒为我们讲述有关它的文化与历史。

地址：北京市海淀区玉泉路2号（近西四环定慧桥）
电话：010—88635061　88624607
门票：30元
开放时间：8:30—17:30
公交信息：运通106、336、355、568、746、977到田村站；特10到阜玉路口北

荷兰的葡萄酒博物馆

# 世界葡萄酒博物馆

世界各地，有不少个性十足的以酒窖的形式存世的葡萄酒博物馆。

法国，在巴黎最古老的饭馆银塔地下，有一座修建于1582年的酒窖，那里从天花板到地面都堆满了酒，在其中45万瓶藏酒里，有不少著名的19世纪中期的勃艮第红酒。"二战"期间，当时的店主修了一堵墙挡住了酒窖的入口，使这座古老的酒窖于纳粹的破坏中幸免。

在荷兰有一座建于1698年的马斯特里赫特城堡，城堡后面有一座酒窖，位于山壁上一个中世纪的石灰岩洞内，酒窖中窖藏了1.3万瓶佳酿，岩壁上的涂鸦有许多出自王室成员和葡萄酒鉴赏家之手。

位于乌克兰马桑德拉镇的，则是俄国沙皇尼古拉一世1816年下令建设完工的酒窖。超过100万瓶的窖藏中，包含有世界各国屈指可数的名酒，有不少更是尼古拉皇帝的个人珍藏。极为丰富的收藏使这里成为葡萄酒历史的教科书。

奥地利维也纳帕拉斯考博格旅馆也有一个建于1840年的酒窖，内有藏酒6万多瓶，其中最早的窖藏葡萄酒产于1727年。酒窖分为6个藏区——法国、旧世界、新世界、珍藏、甜酒以及香槟区，每个区都有别具一格的建筑风格。

英国的"天使之塔"位于伦敦斯坦斯特德机场，高13米，是一座风格奇幻的透明酒塔，当从塔上取酒的美女缓缓下降时，杯里的倒影就像天使从远处飞来。

# 中国葡萄酒博物馆

中国目前有关葡萄酒方面的博物馆，除北京龙徽葡萄酒博物馆之外，还有烟台张裕酒文化博物馆、青岛葡萄酒博物馆、天津华梦酒文化博物馆、澳门葡萄酒博物馆等。

烟台张裕酒文化博物馆建于1992年，坐落于山东省烟台市芝罘区六马路56号——张裕公司旧址院内，以张裕120多年的历史为主线，通过大量文物、实物、老照片、名家墨宝等，运用高科技的表现手法系统展示了张裕酒文化的百年历史以及民族工业发展史。

青岛葡萄酒博物馆建于2009年，是一座以葡萄酒历史文化展示为主题的集科普教育、收藏展示、旅游休闲、文化交流等多种功能于一体的特色地下博物馆，外部景观采用了欧式古堡建筑特点，打破原有建筑立面，融合英国、法国、意大利、西班牙、南非等多国建筑风格。

天津华梦酒文化博物馆坐落于汉沽区茶淀镇孟圈村，纵向以历史时段为脉络，从葡萄种子的起源追溯到葡萄酒业的开端，横向涉及多个国家，以葡萄酒的中国史和世界史并列展开，全面展示了古今中外葡萄酒文化及葡萄酒酿造储存的全过程。

澳门葡萄酒博物馆于1995年开幕，介绍了公元前直到现代的葡萄酒酿制文化的发展。馆内收藏了各式各样的古老制酒器皿和用具，介绍了千余种葡萄酒品牌，馆藏最早的葡萄酒是一瓶1815年的"马德拉酒"。

龙徽葡萄酒博物馆会所

贰·博物馆的历史脉络

# 历史的栅栏

  时空走廊是博物馆参观的起点，两面贯串古今的图片墙，挂满了数百幅新老照片，每幅照片背后都藏有一个跟葡萄酒有关的故事。这些故事始于1910年，而历史与文化的触角还能伸展到更远的数百年前。

  沿着图片墙的夹道漫步，便来到了博物馆的起源厅，只见龙徽酒厂创始人法国神父沈蕴璞"站"在大厅里，依稀当年主持弥撒时的情形，历经百年风霜，既是对中国近现代葡萄酒百年历史的纪实，又是对世界葡萄酒文化不断推陈出新的见证。

  起源厅的展柜中陈列着一百年前教会酒坊生产的葡萄酒和酒标，作为20世纪40年代最富盛名的葡萄酒品牌，龙徽最早的酒标背景是一片栅栏。说起这栅栏，就不得不将时光倒退到四百多年前。

  大明帝国都城平则门外二里沟，有一处方圆约二十亩的地方，明朝初期被赐给开国重臣滕国公孟善作为私人花园，因为用栅栏围着，人们便称这里为"滕公栅栏"。

  公元1610年5月11日，也就是万历三十八年闰三月十九日这一天，一位叫利玛窦的意大利传教士积劳成疾，在北京溘然离世，享年58岁。按照大明王朝的成例，客死中国的传教士们都要将遗体运至澳门，葬在澳门神学

百年前教会酒坊及建国前后酒厂生产的诸多不同品种的葡萄酒的酒标

院的墓地。而利玛窦与普通传教士不同，作为明朝首席科学顾问，他精通四书五经，行善积德，广受士人官员尊崇。

由于他一生致力于在中国传播基督教，他的临终遗愿，便是在京郊能有一块墓地安葬。与利玛窦共事的外国神父和中国教友们也希望通过实现利玛窦的遗愿，让大明王朝认可天主教在中国的合法存在。于是教众们经过协商，决定由耶稣会的西班牙籍神父庞迪我（Didaco de Pantoja）出面，给明神宗皇帝上一份奏章，并请来与利玛窦一同翻译《几何原本》的李之藻为奏章精心润色。

为了取悦皇帝，庞迪我在奏章中称：利玛窦等教士"经海上八万余里，跋涉三载，艰苦备尝"来到中国，完全是出于对天朝德化的仰慕。有幸见到皇上，更是"感激不胜"，"捐躯莫报"。有感于中国人叶落归根、狐死首丘的观念，而"利玛窦以年老患病身故，异域孤臣，情实可怜"，又因为茫茫大海，归葬故乡是不可能了。虽然是外国人，但他生时蒙受皇恩赐予衣食，死后只希望能葬在这片土地。

这份声情并茂、感人肺腑的陈情奏章呈给皇上之后，庞迪我将一份副本交给东阁大学士叶向高。虽然按照大明的法律规定，外国人在京郊要求一块墓地是不被允许的，但利玛窦"友辈数人"的德行此时得到了报偿，叶向高过去在南京为官时曾与利玛窦是好友，有感于利玛窦的品德与贡献，叶允诺促成此事。

奏章很快递到了皇帝那里。神宗朱翊钧是明朝在位时间最长的皇帝，虽然也曾一度勤于政务，发动"万历三大征"，但后来因和文官集团的矛盾而罢朝近三十年。利玛窦病逝时，神宗已经"罢工"好多年了，每日深居宫中，避见朝臣，既不上朝听政也不批阅奏折。一切上传下达的事情，都通过太监联系。不知是否是一直摆在皇帝视线范围内的利玛窦神父进贡的自鸣钟发生了效力，神宗这次一反常态，只用了三天就将庞迪我的奏章转给了东阁大学士叶向高（有时省级官员的任命都要拖上数月），嘱其妥善处理。在教士们

时空走廊是博物馆参观的起点，两面贯串古今的图片墙，挂满了数百幅新老照片，每幅照片背后都藏有一个跟葡萄酒有关的故事。

故事的起点始于1910年，而历史与文化的触角还能伸展到更远的数百年前。

利玛窦像，画中利玛窦身穿中国士人服装。该画像为利玛窦死后不久在北京所画，后由金尼阁带回罗马，现保存于罗马耶稣会总部耶稣教堂。

看来，这无疑是"全能全知的天主"产生的影响。

叶向高以积极的态度，将公文交与专司这类事务的礼部。庞迪我神父于是又向礼部处理文件的推事递上了礼物聊表寸心。与此同时，儒生科学家李之藻特意拜访了他的老师礼部尚书吴道南，向他介绍了利玛窦的为人。吴道南也应允为此事尽力。

一个月后，礼部向皇帝提出了处理方法。为了绕过国家法律的障碍，礼部官员遍翻《大明会典》，终于找到了一条依据：如果外国使臣来到京师，进贡后未经领赏就病故者，由顺天府官署责成宛平、大兴二县给予棺木银两；如果是在领赏之后病故的，就听其自行埋葬，费用从赏金中支付。

礼部在给皇帝的呈文中说，利玛窦虽然不是该国派遣的使臣，然而因仰慕中国文化千里迢迢而来，又在京居住多年，理应享受使臣待遇。所以恳请皇上准许庞迪我的请求，着顺天府寻找一座空庙及一块土地，给予已故利玛窦作为墓葬之所，并允许庞迪我等人就近居住，恪守教规，依其习俗，崇拜天主，也为皇上祈祷。

呈文上报后，一贯懒散的神宗再次一改常态，批上了一个"可"字，于第二日转至内阁大臣手中。然后公文又经过一级一级的传递，到了顺天府尹黄吉士的手中。庞迪我又带着礼物前往拜访，黄吉士向其提供了四个地点，庞迪我最终选择了"滕公栅栏"。

不久后，利玛窦墓园破土动工。墓园是西式的，花园的一端盖了座圆顶六角底座的小亭，称为丧礼教堂。亭的两边，筑就了两座半米长的墙。在花园正中的四棵翠柏之下，为神父修造了砖砌的墓穴。墓碑是中国式的，就是今天北京市委党校院内那座雕着龙型、置于龟背基座上的汉白玉碑。墓园竣工之时门口悬上了写有"钦赐"二字的牌匾，表示获得了大明王朝的认可。

1630年，日耳曼籍耶稣会士邓玉函（Joannes Terrenz）成为第二个埋葬于此的传教士。随后汤若望、南怀仁这些著名神父以及给乾隆大帝画肖像的郎世宁画师相继长眠于此，"滕公栅栏"最终成为北京专门的天主教徒墓地。

清朝康熙年间一位参与撰写《明史·外国传》的文人尤侗曾写过一首诗：

天主堂开天籁齐，钟鸣琴响自高低。
阜成门外玫瑰发，杯酒还浇利泰西。

当时的栅栏墓地周围已经建有教堂，礼拜日，教堂的钟琴交响，前来做弥撒的人们将酒浇洒在地上，祭扫他们所敬爱的利玛窦神父。

那时的教堂叫圣米歇尔教堂，它一直存在至1900年，在义和团运动中被毁坏。栅栏墓地和圣米歇尔教堂的东南面还建有一座孤儿院、一座教会医院，以及一座教会办的印刷厂，完全是一派世外田园的景象。然而，当时整个中国大地却深陷在沉重的社会危机之中。列强的商品输出加速了中国自然经济体系的崩溃，大批手工业者失业，生计无着。许多人为了生存皈依了天主教成为教民。其中一些游手好闲之人，仗着教会撑腰，鱼肉乡里，欺压乡邻，致使华夏大地教案频发，冤案不断。终于，轰轰烈烈的义和团运动顷刻席卷了整个北方。

1900年，在义和团运动反洋人、反洋教的高潮中，栅栏墓地的宁静被打破了，

天主教徒墓地"滕公栅栏"

天主教徒墓碑

栅栏墓地

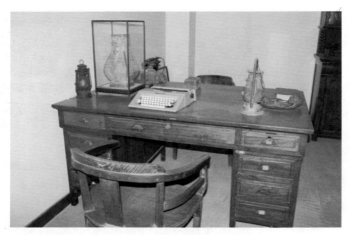

起源厅一个独立的空间内，沈蕴璞修士和里格拉酿酒师使用过的双案书桌和书柜犹若静候主人。

墓园遭到洗劫，墓碑被推倒、砸碎，墓穴被挖开，许多尸骨被焚烧。圣米歇尔教堂、医院、孤儿院都被彻底毁坏。更不幸的是，很多无辜的中国教徒也惨遭杀害。这就是栅栏墓地第一次被毁的经过。

不久，义和团运动被镇压下去。根据《辛丑条约》，政府出银两万两，重修栅栏教堂。除利玛窦、汤若望、南怀仁、龙华民、徐日升、索智能六人的墓碑单独立起外，剩下 77 尊残碎的墓碑被嵌入新建教堂的外墙。新教堂被命名为"致命教堂"，民间称为"上义教堂"或"栅栏教堂"。

有教堂的地方，就有葡萄酒；有修士的地方，就无需酿酒师。由于葡萄酒是基督教和犹太教圣餐中必备的一部分，在基督教中，红色的葡萄酒，代表耶稣为世人赎罪而流出的鲜血。因此，随着教堂的再度重建，祭祀用的葡萄酒需求也大了起来。

1910 年，即清朝宣统二年，法国圣母天主教会沈蕴璞修士在北京颐和园北门外黑山扈教堂（天主教堂，当时法国圣母文学会所在地，今百望山脚下，解放军 309 医院内）附近建立葡萄园，并将酒窖设在马尾沟教堂山字楼地下室内（现北京市委党校院内），即"滕公栅栏"。就这样，异国传教士在四百年前的一次选择就为龙徽葡萄酒选定了厂址。在山东，从 1892 年开始，法国葡萄品种用了十年时间才培育成活，而在这片土地上，数十种法国品种一经扎根，便酿出了欧洲风格的葡萄美酒。

原阜成门马尾沟酒厂旧址

沈蕴璞聘请法国人里格拉为酿酒师，工人由中国教徒来担任，酿造出北京地区最早的干白、干红和白兰地，用于教会弥撒、祭祀和教徒饮酒。起初产品不对外销售，专供法国圣母天主教会总院及全国各地圣母天主教会使用。随着龙徽酒厂（当时叫上义洋酒厂）成立，"栅栏教堂"周围成了清末民初最知名的葡萄酒园，从此开启了清末民初北京地区酿造葡萄酒的历史。

上义洋酒厂老楼

在博物馆起源厅一个独立的空间内，创始人法国圣母天主教会沈蕴璞修士和法国酿酒师里格拉使用过的双案书桌和书柜一如从前犹若在静候主人。

如今，游人路经西城区马尾沟，还会发现有一个叫"葡萄园"的公交车站，向东 200 米是北京市委党校的园子，这个园子便是酒标上那片栅栏的所在地。因此，后来北京上义学校农场酿造所生产的葡萄酒的商标为"栅栏"或法文的音译——"Chala"。

原黑山扈教堂酒厂旧址

## 龙徽葡萄酒的起点

在龙徽葡萄酒博物馆中回顾历史可发现，清末民初中国葡萄酒的再度兴起与欧洲酿酒的历史如出一辙。当年因为圣徒彼得的墓地，罗马城中兴建了梵蒂冈和圣彼得大教堂，又因为宗教需要弥撒用酒，罗马四周种满了葡萄。这便是原生的基督教葡萄酒文明。而龙徽的起点也是如此，由利玛窦墓地到栅栏教堂，再由教堂到葡萄美酒。龙徽葡萄酒的宗教渊源，象征西方葡萄酒文化在中国的传承与发展。

## 阜成门外玫瑰发

欧洲许多葡萄园的周围都会种植大片的玫瑰花，因为玫瑰和葡萄都极易染上真菌类的疾病。玫瑰花，担当着葡萄园预警器的重要角色，可直接反映出葡萄树的健康状况。

## 百年铜狮

起源厅有一对堪称"镇馆之宝"的铜狮（缩减比例而制），这对铜狮原物曾经是马尾沟天主教堂教会酒坊的守护神，是非常珍贵的北京市级历史文物。

教会酒坊所在地马尾沟天主教堂，明朝中后期由私人栅栏别墅收归为栅栏官地，后又被指定为意大利传教士利玛窦的墓地，最终成为明清时欧洲传教士在北京的公共墓地。

1900年，栅栏墓地在义和团运动中被毁，根据《辛丑条约》的约定，清政府斥资两万两白银于1903年在此重修教堂，因教堂前建有石牌坊，又称石门教堂。自1910年教会酒坊建立起，这对由清末知名工匠精心打造的铜狮便被安置在了酒坊门外的石牌坊前，风雨无阻，守候着这家京城最早的葡萄酒厂。

20世纪20年代，酒厂由马尾沟迁到玉泉路时，这对栩栩如生的铜狮被收藏起来，不想却在动荡的"文革"后期被文物犯盗走。就在文物贩子准备将其贩卖出境时被海关截获，后几经周折，这对铜狮完璧归赵，再次回到龙徽，继续守护着这个百年历史的老字号。

堪称"镇馆之宝"的铜狮，曾是马尾沟天主教堂教会酒坊的守护神，为北京市级历史文物。

# 追溯"楼头"

龙徽历史上还有一款著名的"楼头"酒标，酒标中有一座被葡萄坡地包围的酷似 Chateau（法语城堡之意，鉴于后世许多城堡最终演变成葡萄酒窖，因此 Chateau 一词成为顶级葡萄酒庄园的代名词）的建筑。

此"楼头"究竟为何楼呢？

空间转移到阜外马尾沟 13 号。翻开一份 1971 年的老报纸《北京天主教周报》，可以看到这样一段介绍："由圣母会自己管理的房子于 1910 年开始动工，到 8 月建成。新楼的外形像一个字母'E'或者中文的'山'字，故称为'山字楼'。"

高耸的山字楼向下延伸便是深邃的葡萄酒窖，当时法国圣母会总院的法籍神父沈蕴璞先生借助圣母会 6000 银元的投资在那里创办了北京第一家葡萄酒厂——上义酒坊，生产红白葡萄酒、大香槟酒、公望酒、浦提万酒、维尔木特等 10 多种法国风味的葡萄酒，在教堂严格的管束下，酒坊的葡萄酒仅专供全国天主教堂和圣母文学院作弥撒祭礼用。

不过，酒标上的"楼头"却并非这座"山字楼"。

上义酒坊最初只有"山字楼"中的小酿造车间，在地下室储酒，属于作坊式生产。每年产量仅有 5-6 吨。随着产量的扩大， 到 20 世纪 20、30 年

印有"圣若瑟"楼的酒标

代，"山字楼"南的葡萄酒厂已发展到 34 间厂房，地下 16 个储酒池，地上 3 个储酒池，栽培葡萄面积总计 53 亩。所种植葡萄都是法国引进的酿酒品种，包括佳丽酿、福勒多、塞必尔、法国蓝、玫瑰香、沙斯拉等十多个品种。酿造的发酵葡萄酒包括干红、干白、甜红、甜白、香槟五种产品。

1918 年，圣母会在"山字楼"里创办了私立上义师范学院。学校发展很快，学生、教师、教工日渐增加。1927 年，圣母会出资在北京西郊黑山扈又盖了一座新楼，后来命名为"圣若瑟楼"，将师范学院后五年的课程迁到那里教授（圣母会培养一名教师的全部课程要持续十年）。

"圣若瑟楼"如今依然屹立在百望山脚下，深色的石头楼堡庄严气派，依稀可见法式城堡建筑的影子。随着圣若瑟大楼的平地而起，酒厂在附近开垦了 90 多亩葡萄园。每当葡萄成熟时雇人采摘，然后运到 40 多里外的"栅栏教堂"榨汁酿酒。

而后来酒厂"楼头牌"商标中的"楼头"，便是黑山扈的"圣若瑟楼"。

解放后，"圣若瑟楼"一带的山

脚被 309 医院征用，这座有宗教性质的城堡也逐渐荒废了。它所守护的山脚葡萄园，抗日战争时期成为日本人隐藏飞机的场所，抗战结束后，由于破坏严重没有再恢复种植。

1946 年 1 月，上义洋酒厂正式领取营业执照。厂名定为"私立上义学校农场酿造所"，开始独立核算、自负盈亏，经理由上义中学校长杨玉书兼任，产品商标正式注册为"楼头牌"。

如今，漫步在北京市委党校，从利玛窦墓园的西侧依然可以看到黝青色的"山字楼"，哥特式的建筑让人想到欧洲古老的神学院，幽深的楼道仿佛阴暗的酒窖。龙徽在这里的葡萄酒酿造历史从 1910 年一直持续到 1955 年，之后便搬迁到了北京市海淀区玉泉路的新厂址，翻开了红色年代北京地区葡萄酒酿造工业的新篇章。

上义学校农场酿造所营业执照

早期龙徽酒厂合营的股息登记表

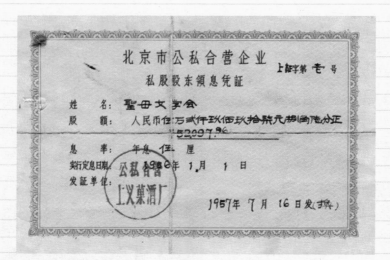

1957 年酒厂公私合营的股东领息凭证

# 山字楼品酒会

　　起源厅展柜中除了陈列着一百年前教会酒坊生产的葡萄酒瓶和酒标，还摆放着圣母文学会时期的文件，产自波兰的教会酒坊时期曾经用过的化验器具，上义洋酒厂时期的广告，公司合营的书面文件以及股权股息转让的证明等。

　　1928 年，龙徽酒厂创始人沈蕴璞修士调离，法国人包尔查修士接任。1933 年，包尔查调离，法国人吉善修士接管酒厂。吉善是个随和的大胡子老人，观念却很新。

　　从他接手以后，上义洋酒厂的部分产品开始对教堂以外出售。从这一年，上义开始扩展蒸馏酒和配置酒（相当于今天的利口酒）生产。这些产品包括：高年白兰地酒、白兰地酒、金酒、外二木特酒、干可那酒、公望酒、薄荷酒、清香罗木酒、浦提万酒等 21 个品种。加上之前的 5 个葡萄酒品种，上义在 1956 年公私合营之前，一共生产过 26 种产品。

　　不过，当年上义最著名的还是葡萄酒。解放前北京地区真正的葡萄酒厂只有上义洋酒厂

1953年上义酿酒厂工商登记证

和大喜葡萄酒酿造公司。后者是杨虎城将军的秘书耿寿波在20世纪30年代兴办,其总酿酒师是上义洋酒厂出来的一名技术人员。除少数酒厂之外,其他十几家酒厂大多制造假冒葡萄酒产品,类似于今天的酒精、香精、糖精三精兑水,并非真正意义上的葡萄酒。

因此,上流社会的人士购买葡萄酒时,往往要先摇晃,看到沉淀才确定是真葡萄酒。当年在京城的达官贵人、皇亲国戚、外籍人士,对教会酒厂出产的产品十分信任,因此上义洋酒厂的葡萄酒深受欢迎。每年上义洋酒厂的葡萄酒熟成,吉善都会邀请一些法籍的社会名流去他"山字楼"的办公室品酒。北京饭店经理罗斯谭、东交民巷汇理银行经理道头卖尔、市电车总公司修建总技师包儿,都曾在古老的教会楼中品尝中国绝无仅有的法兰西工艺葡萄酒。

随和的老神父有时还会请中国工人尝一尝自己酿的酒,大胡子对中国工人从不搞技术保密,亲传亲授,像师傅一样细心指导大家,很受酒厂工人的尊敬。这个慈祥的、将一生献给天主教事业的老人,20世纪40年代在教堂的浴室里去世,长眠于栅栏墓地。

这便是龙徽从天主教教堂逐步变成北京著名外资葡萄酒厂的经过。这段经历,证明龙徽是西方文明与中华文明交融数百年而诞生的精华。上义一直在教会的管理之下,直到1956年实现公私合营,才逐步脱离它的天主教时代,步入国有化的红色年代。

# 从马尾沟到玉泉路

　　起源厅的墙壁上记录着龙徽葡萄酒的发源，从专供教众弥撒、祭奠的"上义洋酒厂"到1959年的"北京葡萄酒厂"，再到1987年的"龙徽酿酒有限公司"成立，历经教会酒坊、公私合营、国有企业、中外合资到如今的国有控股，龙徽葡萄酒的发展历程就是北京乃至中国葡萄酒业变迁的缩影。

　　博物馆起源厅中陈列着早期龙徽酒厂合营的书面文件以及股权股息转让的证明等，这些带着浓重时代印记的泛黄纸张勾勒出龙徽在新中国成立后的发展轨迹。

　　1954年，中共北京市委党校开始筹建，市委领导看中了"栅栏教堂"这处距离北京市区不远而又安静、肃穆，且葡园碧郁的地方。北京市政府将西郊西北旺的一块土地辟为新的天主教墓地，以换取这处地产；用10万元购买了"山字楼"和"口字楼"两幢建筑，安置了部分神职人员的生活，并投资了近40万元巨款，将龙徽厂址迁往玉泉路。

　　对于传教士墓地的处理，党校方面与北京天主教爱国会发生了意见分歧。党校主张将所有坟墓全部迁走。而教会方面人士认为这样做既伤害教徒的感情，又可能产生不利的国际影响，最后由总理亲自作出批示，利玛窦、汤若望、南怀仁三位尊重中国人民礼仪文化，并为中西交流做出重大贡献的耶稣会士的墓碑仍在原址保留，龙华民、徐日升、索智能三名教士的墓碑迁至教堂后院，而其他传教士和教民的遗骨及墓碑，则迁至海淀区西北旺乡新辟的16亩墓地内。当时迁走的坟墓一共有837个。原"致命教堂"不仅保留，而且还照常进行宗教活动。

1958年，中国天主教爱国会将致命教堂"捐赠"给中共北京市委党校，成为一座仓库。尽管如此，直到1966年以前，利玛窦、汤若望、南怀仁三人的墓地，还是北京市文物局管理保护的文物。就在北京市文物局1958年的一次文物普查中，还对利玛窦墓地做了详细的考察和记录。

《文物古迹调查登记表》上记录着：南、汤二人墓碑身中有断裂，其余完整；墓前有石质花瓶一对，高1.45米；墙外有石虎一个（形似明初），高1.25米；石马一对（残），高0.70米，长1.50米；三墓宝顶均为砖砌长方形，等等。

1966年，发生了众所周知的"文化大革命"。在那个疯狂的年代，科学技术等同粪土，外国人即是帝国主义者，天主教更是反动。集三者于一身的利玛窦、汤若望和南怀仁三位神父的墓地，自然在劫难逃。

8月某日，新任命的校长高毅民第一天上班，就不得不接待一批来自附近北京建工学校的红卫兵。这些无知而狂热的学生高声责问道："你们挂着马克思主义的招牌，却搞的是资本主义、封建迷信！为什么外国人的墓碑还不拆？限你们三天必须拆掉！"

校领导急忙向北京市委和国务院宗教事务管理局请示，可是那些机构都已经瘫痪了。怎么办呢？当时在党校负责房管的一名员工建议，将利玛窦等人的墓碑深埋以便保护起来。

第三天，建工学校的红卫兵又来了。他们看到墓碑依旧，十分不满。那位负责房管的工作人员对他们说："就等你们来，咱们一块儿拆。咱们挖个坑，把碑埋起来，叫它永世不得翻身，行不行？"幼稚的学生表示可行，遂在原来墓地的前方挖了三个一米多深的坑，用绳子将碑拉倒，把碑埋了起来。

干了整整一天，学生们满头大汗但心满意足地走了。据一名党校教师回忆，学生在拆毁三位传教士的坟墓时，曾挖出了骨灰坛。

就在利玛窦等三人的墓地被拆毁不久，北京市委党校也被撤销了。院校舍和办公室改为国务院第四招待所。1973年，招待所需修建一处食堂，于是将多年失修破败不堪的旧教堂（已是仓库）拆掉，在教堂原址上盖了一座食堂。原来镶嵌在教堂外墙的77块传教士墓碑散落在校园各处，大部分在20世纪80年代被文物单位寻回。

"文革"结束后的1978年，时任中国社科院院长的胡乔木上书，请示重修利玛窦、汤若望、南怀仁墓地。这份材料得到了当时几位国家领导人的一致批准，最终由北京市民政局、文物局修护和还原了"栅栏墓地"。这就是今日北京市委党校内松柏郁郁的传教士墓。

在那段艰难的岁月，曾为天主教酿弥撒酒的龙徽因为搬离"栅栏墓地"而幸免，酒厂得到了保留，生产也进一步扩大，由最初的酿造宗教用酒扩大到为普通百姓和国宴外交酿造佳酿，成为当时高端的葡萄酒厂、国内出口首屈一指的大户。

采摘葡萄

更名为"北京葡萄酒厂"后的厂门口

# 玉泉山葡萄园

20世纪50年代，在天主教界爆发过一次以自力更生、摆脱罗马教廷为宗旨的运动。1950年7月28日，40多名北京宗教人士联合发表了一篇宣言，呼吁新中国基督徒应该割断与罗马天主教廷的关系，实现"自治、自养、自传"（简称"三自"）。短短两年之后，宗教革命浪潮席卷整个中国，小小上义洋酒厂的命运无意间与这次轰轰烈烈的革命运动联系在一起，并由此从一家宗教酒厂过渡成为国有企业，更名为"北京葡萄酒厂"。

在由市公安局代管了15个月后，1955年9月15日，在这个秋高气爽金桂飘香的日子，上义洋酒厂一直悬而未决的身份终于尘埃落定，地方工业局的一个微型工作组入驻，全组仅有两名组员——组长王鸿以及日后80年代担任酒厂厂长的祝俊杰。

在宗教革命的风云变迁之下，那时的酒厂也仅仅只剩了13个人。在迁往玉泉路之前，"山字楼"南面的酒厂厂房里，是这样一幅景象：厂门前坐着年迈的看门人贾永利，再往里走，生产组长李庆隆正指挥大家忙活着，邵珍烧水做饭，销售员张士华把装着酒瓶的蒲包搬上车，预备送去城里的教堂，账房郑宝杰老人全神贯注，将算盘珠拨弄得滴答作响，而陈兴义、陈兴合二人一个在橡木桶旁酿葡萄酒，一个在照看蒸馏酒的铜锅，肖永文小心翼翼地给酒瓶贴上商标；张殿恭、韩照明麻利地洗刷瓶子；王正义、白志依则忙着压塞、搬桶。加上酒厂经理李尚志，便组成了当年的13个人的团体。

此时的小酒厂就是这13名老工人唯一的生计来源，对于其中的天主教徒来说，更是他们信仰的寄托。此时北京市委已经将"栅栏教堂"定为党校的地址，这里的许多天主教办的企业都解散了，但酒厂虽然规模很小，却不可或缺，因为北京地区大小教堂数十所，所有的弥撒用酒都来自这里。

出于尊重宗教信仰的政治影响考虑，小小上义酒厂在中共中央统战部部长李维汉拍板下得以保存。王鸿和祝俊杰驻厂一项最重要的任务，就是为这家宗教酒厂物色一个新厂址，保证它继续为教堂供应葡萄酒。为此，北京市工业局还特地划拨了39.6万元的巨款用于新厂的建设。

为了给上义选一个新厂址，工业局派来的驻厂员王鸿和祝俊杰开始蹬着自行车在如今的西三环与五环之间物色地点。当年这一带不是皇家园林就是田埂农庄，选址既要考虑是否适宜葡萄的种植栽培，又要考虑避免因为用地与农民发生矛盾。

最初，王、祝二人相中了八里庄一带，地势比较平坦，庄稼也不多。不过等到仔细勘测时发现有一片碑坟，二人估摸这么大规模的迁坟移墓，当地的村民只怕要闹上天去，所以只得另行选择。

上义洋酒厂门前老工人合影，在宗教革命的风云变
迁之下，那时的酒厂工人也已寥寥无几。

老生产车间

　　第二次两人发现了一块山明水秀的宝地，就在海淀，紧挨紫竹院，地势、土壤、自然风
光都没得说。等到两人和区政府说明来意之后，却被对方一口回绝了。区里说得明白：咱们
这是文化区，怎么能搞葡萄农场呢？果不其然，多年后此地就耸立起了国家图书馆。

　　选来选去，二人转到玉泉路附近，偶然因为骑车骑得辛苦劳累，坐下歇口气。就这么一歇，
意外发觉脚下半荒的土地居然有很强的沙土质，正是葡萄喜欢的贫瘠土壤。而且这里背靠一
座小土山，未来还能把葡萄园扩展到山上，真是块不错的葡萄基地。带着意外收获，两人急
忙向工业局申请。没过多久获得批准，此处便成为龙徽半个世纪以来的新厂址——玉泉路2号，
酒厂最早的车间就建在如今龙徽葡萄酒博物馆的所在地。

　　"上义洋酒厂"是在什么时候、由什么原因变成了"北京葡萄酒厂"呢？

　　建国后，"上义洋酒厂"更名为"上义葡萄酒酿造厂"。

　　1959年1月，为了庆祝国庆十周年，外交部、外贸部、轻工业部和商业部在青岛举行了
一次"四部会议"。在会上，上义葡萄酒酿造厂赢得一项光荣的任务，它生产的大香槟、干
白葡萄酒、威士忌和金酒将作为指定的国庆用酒。

　　当时与会的一位外交部司长提出了一个看法："上义"二字是洋人起的名字，酒厂的注
册商标"楼头牌"所描绘的也是黑山扈的教会学校，考虑厂名和商标是不是需要改一下？

　　就此，变更厂名被提上了议事日程。2月份，上义葡萄酒厂循着"青岛会议"的精神正式
向北京工业局提出更改厂名和商标的申请。经工业局同意，原"上义葡萄酒酿造厂"改名为"北
京葡萄酒厂"，原注册商标"楼头牌"改为"中华牌"、"真如意牌"、"古钱牌"、"荷花牌"。

　　这就是"北京葡萄酒厂"和"中华牌"的由来。当年和上义同时改名的还有一家"美口
葡萄酒厂"，即今天的"青岛葡萄酒厂"。

叁·葡萄的前世今生

# 葡萄园的春夏秋冬

　　走出起源厅，随即进入的是老工具厅。这里展示了清朝末年手工酿制葡萄酒所用的器具，黝黑古朴的器具上刻画着岁月的痕迹，比如：清朝末年手工酿制葡萄酒所用的除梗破碎机、鼠笼压榨机，葡萄种植过程中所用到的犁地、洒药、采摘、称重等老式工具，各式古老的开瓶器等。

　　最引人注目的便是大厅中间的百年前葡萄酒酿造模型，模型用许多微缩人偶生动再现了葡萄的采收、运输、除梗、破碎、榨汁、发酵、陈酿、灌装等整个过程，展现了清末手工酿制葡萄酒的工艺流程。当然，在实际操作过程中，酿造工艺远比模型显示的要复杂得多。

　　虽然展示的过程和工艺经过了简化，但却能让不熟悉葡萄酒酿造的参观者有一个直观而形象的认识。

　　模型整体呈椭圆的环形，乍一看，似乎找不到起始与结束，但只要找到葡萄种植采摘的区域就能清晰地找到葡萄酒最初的原点。让我们短暂地穿越时空，跳入模型中，跟随葡萄农经历一下葡萄园的四季变化吧。

　　无论葡萄园位于何处，不管葡萄酒属于何种风格，葡萄的生长过程都遵循着自然规律与时节顺序。

　　每年的3月底4月初，当春天的气温上升到10℃时，葡萄树便开始抽芽，

清朝末年手工酿制葡萄酒所用的除梗破碎机

清朝末年手工酿制葡萄酒所用的鼠笼压榨机

新一年的生长周期就此拉开序幕，萌发的嫩芽长成新叶衍生成幼枝新梢，此时的气温、雨水和日照会影响日后葡萄的开花结果。葡萄农也要开始新一年的翻土、除草，以便土壤透气吸水。万物萌生的时节，虫子也开始跃跃欲试，成为葡萄树的一大烦恼。

到了干燥温暖的 6 月，葡萄树就进入开花授粉的时段，大部分的葡萄花都是雌雄同株的，花朵细小，呈白色。花开时节，葡萄农要进行整枝作业，捆绑整理枝叶以便使日照效果更佳；树上多余的枝叶也要去除，以免浪费有限的养分。在花期，若枝叶生长过快或日照不足，使叶子无法给葡萄花提供足够养分，就会出现落花现象，影响葡萄的收成。

7 月到来，天气更暖，授粉顺利的子房会结成幼果，在枝头形成小小的葡萄串。质地坚硬呈现绿色的幼果迅速膨大，糖与酸也渐渐开始在幼果中出现。

随着浆果的日趋成熟，果实与植株其他部分的物质交换基本停止。果实的相对含糖量由于水分的蒸发而提高，果汁浓度也日渐增大，过熟作用更是大大提高了果汁中糖的浓度。

此后，果实会一度停止膨大，这时便到了葡萄浆果着色的时期，果皮叶绿素大量分解。白色品种果色变浅，渐失绿色，呈微透明状；有色品种果皮开始积累色素，由绿色逐渐转为红色、紫色等。

到了8月底9月初，葡萄就将进入成熟期，枝叶生长逐渐停止，藤蔓开始木化成较硬的葡萄藤，果实再次膨大，逐渐达到品种固有的大小和色泽。葡萄树的糖分输送到葡萄，使葡萄的糖分含量开始升高，而酸含量则随之降低，此外，葡萄中的红色素、单宁等酚类物质和潜在香味物质也会随之增多。

对于辛苦劳作的葡萄农来说，9月是极其重要的决定性时刻：越来越多的葡农会在此时修剪多余的枝叶，摘除生产过剩的葡萄，以便让空气与阳光能够直达葡萄，将养分集中在结果情形较好的果实上。温暖的天气后若有暴风雨来袭，葡萄就会面临腐烂的危险。反之，这个阶段若遭逢干旱，则会减缓葡萄成熟的速度。

一般来说，葡萄从开花到果实成熟通常需要90-100天，至于何时采收，则视产区、气候状况及葡萄品种而定，当葡萄的糖分不再增加时，就表示葡萄已成熟可以采收。大部分都会在9月底前开始采收。

随着每年气候的不同变化，葡萄的成熟度是影响葡萄酒品质的重要因素。通常干热的天气预示该年葡萄将达到很好的成熟度，会是一个葡萄酒酿造的好年份。葡萄的采收将延续至10月中。当然，某些特殊年份或在生产晚摘型葡萄酒的产区，到了10月份，采收才刚刚开始，极少数制造贵腐白酒的葡萄甚至会延续至11月份。

葡萄采收时，葡萄园一派忙碌、火热的气氛。随着科技的发展，机械渐渐开始取代人工，但尽管如此，机器的高效依然比不过人工采摘的细致精确。葡萄采收的原则是要能保持葡萄的完整健康不受污染，特别是白葡萄容易氧化，采摘时更要加倍小心，在这一点上，细巧灵活的人手才是最佳的采摘工具。

采收的葡萄经过压榨后，外皮、枝梗及果肉都被滤除，这些"酒渣"会调和粪肥及化学肥料后撒在葡萄藤四周。

到了秋末，从11月起，随着气温的降低，葡萄开始落叶，然后进入冬

百年前葡萄酒酿造模型

建国后葡萄种植情景　　　　　　　　建国后葡萄采摘情景

季休眠期。此时，葡萄的树液又开始集中于根系，葡萄农这时要整理葡萄园地，寒冷地区的葡萄农必须将土盖于树根以防葡萄树冻死。

　　到了来年1月，从圣文森特节（Saint Vincent's Day）那天起，为了减慢葡萄树的老化并控制葡萄产量，就要开始剪枝了。从此时到3月，剪枝都成为必不可少而且是最为重要的工作，要将已经木质化的葡萄藤蔓按照不同的整枝系统，去除多余的芽苞，并将枝蔓修剪成所需的形状。

　　每年剪枝前的葡萄树有数百个以上的苞，葡萄农要依据整枝系统和每一棵葡萄树须保留的苞的数目进行修剪，以控制产量，保证葡萄品质，缓解葡萄树老化的速度。

　　由于葡萄树从最初种植开始，至少要等到第三年才能采收，所以前几年的修剪工作主要是剪出整枝系统的形状，到了第三年后才开始葡萄生产的修剪。由于剪枝工艺十分复杂，所以只能由人工操作。

　　与1月相比，2月的葡萄园内相对清闲些。不过往往此时，身兼葡萄农与酒农甚至酒商数职的人们往往要将精力放在酒窖中开始熟成的新酒上，依然躲不了清闲。

意大利文艺复兴后期威尼斯画派代表画家提香·韦切利奥的《安德罗斯河边的酒神狂欢节》

# 修剪葡萄的"发明者"

　　圣文森特是葡萄酒农的守护神。每年1月底，法国勃艮第地区的酿酒葡萄种植者都会举行盛大的庆祝仪式——圣文森特节，以感谢一年来守护神对他们的庇护。

　　在法国古老的传说中，剪枝便是源于这位守护神。相传，某日，圣文森特来到葡萄园中与种植者交谈，不经意间，他的小毛驴偷偷啃噬了部分葡萄藤蔓刚长出的嫩芽。让葡萄农没想到的是，在随之而来的收获季节，那些被小毛驴啃过的葡萄藤生产出了大量高品质的葡萄。

　　在此之前，葡萄农们从来不修剪那些胡乱生长的枝蔓。后来，圣文森特的小毛驴就被喻为修剪葡萄的"发明者"。

　　此后，在每年的1月中下旬，葡萄处于严冬的休眠期，暂时停止生命活动，葡萄农便在此时感谢来自大地的果实赐予，犒赏一年的辛苦劳作，以及那只有意外发明的小毛驴。而圣文森特节也被列为与6月花之节、9月丰收节并称的三大葡萄酒节日。

# 跌落枝头后的新生

葡萄酒让葡萄这种植物通过自我发酵以酒为载体延续了生命，葡萄是葡萄酒的前世，葡萄酒是葡萄的今生。

从萌芽开始到离枝为终，葡萄结束了生命中的第一个阶段，从一粒种子吸收阳光雨露风土养分长成一串鲜果；从采离枝头到酝酿成酒，葡萄改变了形态，由果子变为奇妙的液体，经过时间的贮藏，获得了形体毁灭后灵魂的新生。

同果子挂在枝头一样，眠于木桶或瓶中的葡萄酒也是有生命的，它静静地生长、进化、成熟，直至衰老、死去、腐败，从生命的起点走到峰巅再跌落谷底，它延续着葡萄的生命曲线，并最终将第二次生命画上句点。

从某种意义上说，葡萄酒具有珍藏时光与生命的魔力，抗氧化既体现在生理上，又体现在心灵上。

让我们跟随模型看看葡萄跌落枝头之后如何获得蜕变与重生。

采摘之后，首先要将葡萄去梗。葡萄梗由于含有较强的单宁酸，通常会去除。当然，有时也会为了加强葡萄酒的单宁强度而特意保留部分葡萄梗。

去梗之后，便是压榨果粒。以红葡萄酒为例，其颜色和口味架构主要来自葡萄皮中的红色素和单宁等，所以葡萄皮和葡萄肉是同时压榨的，必须压

酒厂过去收葡萄的情景

科技发展后的机器破皮压榨

在葡萄酒熟化的过程中，酿酒师需要随时品尝，
通过口感和风味了解葡萄酒生命曲线的变化，
把握葡萄酒最佳的贮藏时间与装瓶时间。

收获的葡萄

榨葡萄果粒，使之破裂释放出果汁，让葡萄汁液与葡萄皮充分接触，以释放出葡萄多酚。

除了模型中显示的用传统工具挤压之外，许多地方的传统手工压榨是用脚来踩的，并以此庆贺葡萄丰收，电影《漫步云端》中便有少女们风情万种、激情四射地踩葡萄的一幕，别有一番浪漫情趣。当然，随着科技的进步与生产规模的扩大，如今大多都采用专业的机械设备进行压榨。

而后便是浸皮，将葡萄汁和葡萄皮一起放入无封口的橡木酒槽，控制温度，不断搅拌，使葡萄汁和皮充分融合，边浸泡边发酵，让葡萄多酚、芳香物质等尽情释放。

约七天后，浸皮发酵到适宜的程度，要将皮渣分离，此时酒槽中的葡萄液呈现需要分离的两部分：一部分是液体，称为自流汁，自然地从桶底部流出；另一部分称作榨汁，需要从葡萄液的剩余固体部分压榨出来。榨汁的颜色较深，含更多的单宁，浓缩度更高，但不及自流汁细腻。将酒槽中的自流汁导引到其他酒槽贮存起来，即为初酒，而榨汁则可以根据葡萄酒工艺和品种做不同的利用和处理。

经过主发酵的葡萄初酒，其中的酵母菌还要继续进行酒精发酵，使葡萄中残存的糖分进一步降低，而酒精度则越来越高。此时，初酒中还残留有口味比较尖酸的苹果酸，必须经过约一个月的后发酵过程，将稍显硬的苹果酸转变为更软、更圆的乳酸菌。这样就使得葡萄酒变得柔顺，减轻酒的冲劲，并且还能增强酒的稳定性，因为乳酸菌比苹果酸更有惰性。这次的发酵过程也有严格的温度要求。

发酵刚结束时，酒液口味都相对酸涩、生硬，为新酒。为了使其口味柔顺，一般来说高品质的红葡萄酒都要经过橡木桶进一步的熟化。而在葡萄酒熟化的过程中，酿酒师就需要随时品尝，通过口感和风味了解葡萄酒生命曲线的变化，把握葡萄酒最佳的贮藏时间与装瓶时间。

葡萄酒装瓶前还需要一道澄清工序。虽然葡萄酒沉淀并不影响质量，但却会影响品尝时的享受，所以澄清工序不可或缺。一般来说，让酒中的悬浮微粒自然沉淀后分离的自然澄清法，往往不能让酒液达到完全澄清晶亮的效果，所以往往要采用人为添加蛋白质类物质来吸附悬浮微粒的澄清手段，以加速葡萄酒的澄清过程，增加澄清度。

除了澄清之外，装瓶前还要进行加热杀菌或冷冻处理或无菌过滤，以便去除葡萄酒中的细菌或酵母菌，提高葡萄酒的化学稳定性。装瓶之后，有些葡萄酒会直接进入市场，另一些则会蛰伏起来，进入下一个瓶储的熟成阶段。

## 葡萄的各个部分

葡萄的肉、梗、籽、皮中的成分不尽相同，对于葡萄酒酿制来说也发挥着不同的作用。

葡萄的主要成分是果肉，果肉占葡萄80%左右的重量。一般食用葡萄的肉质较丰厚，而酿酒葡萄则较为多汁，其主要成分有水分、糖分、有机酸、矿物质。糖分又包括葡萄糖和果糖，是酒精发酵的主要成分，有机酸则以酒石酸、乳酸和柠檬酸三种为主，矿物质则以钾最为重要，其含量常超过各种矿物质总量的50%。

连接葡萄粒成串的葡萄梗含有丰富的单宁，但其所含单宁较为粗犷紧致，味道十分浓烈，通常酿造之前会将其去除。如果为了加强葡萄酒的单宁含量，有时也会加进成熟的葡萄梗一起发酵，葡萄梗中钾的含量也较高。

葡萄籽则含有许多单宁和油脂，其单宁与葡萄梗中的单宁一样具有极强的收敛性，不够细腻，而油脂又会破坏葡萄酒的品质，所以在葡萄酒酿造的过程中尤其需要注意。

葡萄皮仅占葡萄整体的十分之一，但却对葡萄酒酿制起着重要的作用。葡萄皮中含有丰富的纤维素、果胶以及单宁和芳香物质。黑葡萄皮中的红色素，更是红酒颜色的主要来源。与葡萄梗相比，葡萄皮中的单宁较为细腻，是构成葡萄酒架构的主要元素。葡萄皮的下方则是芳香物质聚集的地方，挥发性香是直接存在的，非挥发性香则需要经过发酵后才慢慢形成。

肆 · 听「香槟」讲故事

# 中国最早的"香槟"传奇

　　紧挨着老工具厅的是香槟工艺厅，那里用雕塑和工具生动再现了教会酒坊1912年采用法国香槟工艺生产出新中国第一瓶大香槟的情形。

　　1955年9月，在北京中南海怀仁堂举行十大元帅军衔和授勋仪式时，中央选用了上义酿酒厂的"中华牌"大香槟酒作为国宴用酒。此后，1959年国庆十周年庆典，依旧选择此酒作为指定用酒。

　　厅中这些文物级的工具于20世纪初来自法国知名的香槟装备出产商圣瓦伦丁家族，这个家族目前依然是法国香槟设备的主要供应商。1912年，即在上义洋酒厂建厂初期，酒厂从圣瓦伦丁购进全套香槟生产装备，依照法国香槟工艺出产了中国第一瓶真正意义上的香槟酒。它也是当时中国唯一有能力生产香槟的酒厂。

　　香槟工艺的突出特点就是第二次发酵在瓶中进行，目前龙徽仍旧采用法国传统的工艺生产起泡酒，产品受到法国香槟协会的赞誉。

　　香槟是法国的一个省，香槟酒是源于当地的一种起泡葡萄酒，因地署名，被称为"香槟"。

　　当时龙徽的香槟酒分为两种，一种是天然香槟，一种是充气式香槟。天然香槟是在葡萄酒中加糖和酵母，再密封，经过长时间二次发酵，香槟中产

生压力的二氧化碳均是在二次发酵中自然产生的。法国
人为这种工艺起了一个独特的名字——香槟法。最初，
上义的传教士们完全按照香槟法酿造上义起泡酒。但由
于没有好的控温设备，瓶子只能进口，且酿造只能在冬
末春初进行，生产周期长，产量极低，因而成本较高。

香槟因为瓶内气压大，普通酒瓶可能会崩裂，所以
只能用专门进口的香槟瓶，使用后再由上义酒厂回收，
清洗干净再重复利用。由于工艺、瓶子的成本高，当年
上义香槟的价格非常昂贵，相当于普通白、红葡萄酒的
4~6倍。不过因为产品稀缺，口感非凡，香槟一经成熟，
外国使馆、高档饭店、西餐厅、食品洋行都到上义上门
求购，销路甚佳。

由于法国香槟法生产方式对产量的限制，无法满足
市场对上义香槟的需求。在保留顶级的上义香槟仍然采
用传统香槟法生产的同时，酒厂也采用人工充气的酿造
方法，这种技术在当时也是非常先进的。20世纪30年
代山东烟台张裕酿酒公司聘请的奥地利酿酒师与圣母会
修道院院长吉善私交甚好，曾将一桶200余升张裕陈酿
的葡萄酒千里迢迢运到北京，加工成香槟运回自用，比
从国外进口费用小得多。

酿造香槟酒的工艺比普通葡萄酒要复杂得多。根据
当年上义员工陈玉庆（后任北京东郊葡萄酒厂厂长）的
回忆，我们得以了解中国最早的起泡酒——上义香槟当
年的酿造工艺与流程：天然型起泡葡萄酒采用瓶内二次
发酵法（香槟法）生产。用于酿造起泡酒的葡萄要先酿
成平静葡萄酒，然后装到瓶中添加糖汁与酵母，在瓶中

新中国第一支大香槟

进行第二次发酵，这次发酵主要是为了让酒产生气泡。葡萄酒的二次发酵是一个关键环节，加入瓶中的糖汁在酵母的作用下产生酒精和二氧化碳。由于酒瓶是密封的，这些少量的二氧化碳就会慢慢溶解在酒中，此时，酒瓶中的压力大概可以达到 5-6 个大气压。在二次发酵之后的陈酿过程中，将酒瓶倒立在一个带孔的"A"形支架上，每天工人要将每个酒瓶转动 1/4 圈并改变酒瓶的倾斜角度，到结束时，酒瓶已经瓶口朝下，竖直立在"A"形支架上的孔中。瓶中的发酵类物质在酵母凝结剂的作用下沉积在瓶口，将瓶口打开，瓶子里面的压力就会把沉淀物顶出来，随沉淀物损失掉的少量葡萄酒在装瓶打塞时补足即可。

1891 年《马德里条约》（Madrid Treaty）对"香槟"一词的使用作出规定：只有在法国原产地控名制度（AOC）区域内以及符合相关标准生产出的起泡酒方可使用"香槟"一词。而法国香槟地区以外酿制的同类型酒只能叫做起泡酒。

1990 年，由于中法之间的知识产权协议规定，北京葡萄酒厂的大香槟改称"高级起泡酒"。1995 年之前，北京葡萄酒厂的大香槟采用龙眼、佳丽酿葡萄为原料，经压榨破碎取其自流汁，发酵陈酿，入窖储存 4 年以上，再经过灌装二次发酵或瓶装二次发酵，产生二氧化碳于酒中，酒液清亮、光泽悦目、清香可口。

比起上义酒厂后期人工充入二氧化碳的香槟，北京葡萄酒厂的产品更具有典型性，杀口力更强。大香槟封口用软木塞轧紧，加铁丝扣，外包锡箔，装潢高贵大方，是新中国国宴最常用的高端酒品。解放后产量不断增加，除了供应国内还部分出口。

大香槟酒精度 12%vol，糖度 6g/l，装瓶规格 750ml。注册商标在上义时期为"楼头牌"，1959 年改为"古钱牌"，1963 年根据国家有关规定统一由粮油进出口公司注册商标为"丰收牌"，1990 年又恢复"中华牌"。

1995 年，从法国留学回来的酿酒师朱力，再次严格按照法国香槟地区

的传统工艺，研制出用 100%
夏多内葡萄酿造的"龙徽起
泡葡萄酒"，即起泡酒中
的最高等级酒——Blanc de
blanc，使得这个古老的产品
再次焕发青春。法国香槟协
会主席布罗日尼先生对龙徽
起泡酒大加赞赏，曾留言："龙
徽葡萄酒对我来讲代表这个
伟大国家葡萄栽培与酿酒的
未来！"

香槟传统工艺壁画

# 香槟酒的诞生

    法国香槟区有着悠久的酿酒历史，但直到17世纪晚期，世界上才出现第一瓶香槟酒。1668年，香槟区一位叫佩里农的传教士，因为喝腻了酒体浓郁的葡萄酒，便突发奇想，要酿造一款味觉平衡、甘甜清爽的酒。于是，他像做化学实验一样，将各种葡萄酒随意勾兑后，用软木塞密封。第二年春天，当他取出酒瓶时，发现瓶内酒色清澈透明，一摇酒瓶，只听到"砰"的一声，瓶塞不翼而飞。而就在酒喷出来的一刹那，芳香也四处弥漫开来。香槟，浪漫而生。

# 香槟酒的产区与类型

    香槟区位于法国巴黎的东北部，是法国最北面的一个葡萄酒产区，也是法国最早的葡萄酒法定产区。法国政府对香槟酒品牌保护相当严格，只有在香槟区内生产酿制的酒才能叫香槟酒。除此以外，全世界任何地方出品的同类型酒只能称之为起泡酒。在香槟区内，共有四个产区生产香槟酒，分别是兰斯山脉、马恩河谷、白岸和巴尔河岸。

    香槟区所处的地理位置决定了它同时受大西洋温和气候和大陆性气候的影响，加上分布广泛的独特的白垩土质，使得香槟区的葡萄湿度平稳，香味细腻，单宁含量较低而果酸和成熟度恰到好处。这种葡萄最适合酿制风格优雅、口感细致的香槟酒。

    如果是用同样的香槟酒灌封，不掺杂任何添加物，为"干"（sec）；如用糖浆和部分白兰地灌封，使其继续发酵一段时间，为"甜"（doux）；如掺入部分糖浆和白兰地，部分同样的香槟酒为"半甜"（demi—doux）。干香槟质量最高，酒精含量最低，价钱也最高，甜香槟正相反。

    香槟酒只使用三种葡萄酿造：红葡萄莫尼耶比诺（Pinot Meunier）和黑比诺（Pinot Noir）用来酿制粉红色或白色香槟，白葡萄夏多内（Chardonnay）用来酿制白色香槟，并享有专用名词"白之白"（Blanc de Blanc）。

# 特殊人物的临时到访

1959年10月15日，对于龙徽来说，是具有特殊意义的一天，一位特殊客人的临时来访，给这家小酒厂带来了前所未有的发展契机。

1959年10月15日下午，时任北京葡萄酒厂厂长的任玉玺刚跨进市轻工局的会议室，局里同志劈头盖脸就是一句："你还在这里晃悠什么？赶紧回去，有大人物由咱们谢局长陪着已经到你那儿去了。"

任玉玺一愣神，听到了人名，也吃了一惊，没有接到通知啊！

轻工局的同志也急了，道："我们也没接到通知，这么大的领导去，总不能没有厂长接待吧！赶紧回去。"

任玉玺心急如焚，脑袋却摇成了拨浪鼓："我又没车，哪儿赶得及，看来无论如何也赶不回去了！"这一句话点醒了轻工局的领导，赶紧派车载着任玉玺往回赶。

其实，这位特殊人物访问北京葡萄酒厂的确是一个临时的决定，这次仓促的安排源于龙徽的一款酒即大香槟。

在不久前的第一届全国人民代表大会第五次会议宴会上，北京葡萄酒厂出产的大香槟酒引起了诸多人的兴趣。在1955年为十大元帅授勋时，毛主席曾将一瓶大香槟酒作为共和国的礼物，赠与每位元帅。

这位特殊人物曾有留学德国的经历，对香槟工艺的复杂略知一二，同时也产生了探究香槟生产的好奇。他没想到中国这个没有葡萄酒酿造传统的国家，居然也能搞出原汁原味法国工艺的香槟酒。既然酒厂就在北京西郊，无论如何也该去看一下，于是便有了这次临时参观酒厂的行程。

任玉玺坐着轻工局的车紧赶慢赶，终于比领导早了几分钟回到酒厂。他还没来得及进办公室，一辆前苏联产的黑色吉斯110防弹车已经缓缓驶进工厂大院，轻工局副局长谢邦选也在车里。随车的五六名军警同时在院子里铺开，朴实的酒厂员工可从未见过这个架势。仓促之间，酒厂没来得及做任何接待准备，只能带着前来参观的领导参观了香槟、干葡萄酒的生产车间。当年的车间，就是现在龙徽葡萄酒博物馆所在的一间年产量32吨的小厂房，整个参观很快便结束了。

这位与中国大香槟颇有渊源的特殊人物显然意犹未尽，对任玉玺说出了自己的心理感受：（酒）厂太小，参观你这儿走了十多分钟就完了，你得做得像个样，规模弄大点！说到这儿，又转过头对身边的谢邦选说：你们给点钱，搞啊，要大搞！

这位北京葡萄酒厂的顶头上司当即表示：今年已经批准了400吨（之前为30吨），酒厂规模马上将获得飞跃提升。果真，在随后的一年里，北京葡萄酒厂新建了一号车间，并且经过三次扩建最终实现了400吨的产能，从规模上摆脱了"作坊"模样。

至于这位特殊人物究竟是谁，在这里先卖个关子，请大家到博物馆中自己寻找答案吧。

20 世纪 80 年代的工厂车间模型

传统工艺酿造香槟的铜人模型

法国传统工艺的摇瓶、灌装、锁盖流程

20 世纪 80 年代的冲瓶、灌装、锁盖、贴标等机械化流程

20 世纪 70 年代半人工灌装

## 不拘一格降人才

当时这位特殊人物对北京葡萄酒厂最看不过眼之处，莫过于偌大的一座酒厂，居然连个工程师都没有。他指示酒厂找轻工部去要人，想着那么多研究所，那么多工程师，总会有合适的人选。任玉玺拿着这一指示跑到轻工部。无奈当时举国上下百废待兴，最缺的就是人才，部里给出的回应是：现人没有，等学生毕业了可以分配几个！

酒厂苦等到当年夏天，终于等到了期盼已久的第一批三名中专毕业生。半个世纪后的今天，当年意气风发的年轻人都已年逾古稀，在他们的记忆里，任厂长是冒着烈日从玉泉路步行去迎接他们的。他们背着行李铺盖，跟着爽朗的厂长乘公交加步行来到陌生的工厂，投身新的建设，既兴奋又忐忑。从此以后，一批批技术人员相继到来，彻底结束了上义四十多年的酿酒手工化、技术私人化的传统，脱离了作坊生产。

## 香槟酒的特殊工艺

法国香槟区的葡萄采摘必须完全使用手工，采摘后不能随意扔进葡萄筐里，而是必须用手把一串串葡萄分装进小篮子里，这样可避免葡萄破损而使红色素溢出来。采摘后的葡萄要马上榨汁，按香槟区的规定，每4000公斤的葡萄，只能榨出2500升用来酿酒的葡萄汁。等到酒装瓶后，要进行瓶中二次发酵，时间至少一年以上。然后再进行人工或机器摇瓶。摇瓶对香槟酒来说特别重要，每次只能将瓶转动15度，这样既能去掉酒泥又能保持酒体的纯净和结构丰富清新的口感。

在博物馆的香槟工艺厅内，法国保守的香槟工艺在人偶模型的演示下淋漓尽致地展现了出来。"工人们"在冲瓶机、灌酒机、锁盖机、贴标机前各司其职，一片繁忙景象，让参观者仿佛瞬间回到了百年前的葡萄酒厂间。

让我们跟随着香槟工艺厅仿真工人的操作步骤，详细地了解一下香槟的工艺流程吧。

1. 按照传统的干白葡萄酒的生产工艺酿制静止葡萄酒，即起泡酒基酒。

2. 将酵母、糖等物质与基酒混合，灌装到香槟瓶中，并用皇冠盖封口。

3. 让酵母在瓶中进行二次发酵，将糖转化成酒精和二氧化碳，此时瓶内有 6 个左右的大气压。陈酿一年半以上，让二氧化碳和风味物质更好地融合到酒中。

4. 将酒瓶倒立在 A 形架的圆孔里。由技师每两天转动 1/4 圈，这个过程大概持续 6~8 周的时间，直到死酵母全部集中到瓶口。现在这个过程由摇瓶机完成，时间仅需要 2 周。

5. 吐泥。将瓶颈浸入 −20℃ 的冰盐水中约 1 英寸的长度，当瓶内的沉积物和浸入冷冻液中的那部分酒液上冻后，快速打开封口，借助瓶内的压力，冻上的沉淀物和酒被顶出。

6. 封口压塞。在瓶内补充起泡酒基酒，然后迅速压塞，并用铁箍保护塞子，以免由于瓶内压力过大导致瓶塞进出。

7. 封热缩帽，将铁箍锁住。


从老工艺厅走进另一间展厅，参观者会看到新时期的葡萄酒车间内更是忙碌非凡，穿着蓝色工服的"工人"操控着新机器，冲瓶、灌装、锁盖、贴标，虽然工艺随着科技进步有了新的变化，但工艺的精髓依然传承不变。

20 世纪 70 年代，酒厂采用的是半手工、半机械化的葡萄酒灌装过程：洗瓶机、手工捏管灌装、灌装机、封口机、手工贴标。直到 20 世纪 80 年代，酒厂才彻底告别手工劳动，实现生产过程的机械化和半自动化。

展厅的另一边则摆放了一套现代化生产设备的微缩模型，即 2005 年从意大利引进的一套灌装能力达 8000~10000 瓶／小时的现代化生产线。

如今，市面上常见的还有一些价格便宜的起泡酒，与法国传统香槟酿制法不同的是，这种所谓"香槟酒"实际上是采用可乐法，即前面提到的二氧化碳充气法制作的，气泡维持时间很短，口感也不够细腻。

# 橡木桶的奥秘

　　这位大人物的酒厂之行，除了起到提升酒厂规模的重大效应，还解决了北京葡萄酒厂一些迫在眉睫的生产困难。比如说，橡木桶危机。

　　用橡木桶贮存葡萄酒的目的在于让葡萄酒充分汲取橡木的精华并赋予葡萄酒一定程度的氧化。葡萄酒汲取物质的种类与数量以及氧化程度的轻重直接影响着葡萄酒的感官，而这很大程度都取决于所选择的橡木桶。因此，酿酒师在酿酒之前首先要做的一件事就是选择合适的橡木桶。

　　上好的葡萄酒都会放在自制的全新橡木桶中 6-18 个月。一个全新的橡木桶是贮存上等美酒的最佳容器，这是现代科学也无法媲美的。因为橡木能使单宁酸充分扩散，过滤杂质使气味更加自然浓郁。葡萄酒在进行发酵的时候会产生二氧化碳，所以在存放的第一年不会将橡木桶的塞子拴紧，以便让气体溢出，此时是以玻璃制的塞子来保留封口。一年之后，则要以软木塞将橡木桶的封口密封。因为橡木桶本身也会吸收葡萄酒内的有机物质，所以渐渐会使容器变成真空状态，而此刻氧气会透过橡木的气孔进入，透过这微缓的氧化作用可以更进一步地帮助葡萄酒熟成。

　　储存在橡木桶的这段时间里，葡萄酒中悬浮的杂质会随着时间渐渐地沉淀。酿酒工会以一连串的作业程序将沉淀的酒渣和葡萄酒彻底过滤隔离。光是这个步骤一年最起码就要进行四次。次年，还会在每一个橡木桶里加入六颗打散的蛋清再次加速酒渣的沉淀速度。

葡萄酒存放在橡木桶中的这两年至两年半间，由于橡木吸收、杂质排除与自然气化的关系，酒液大约会减少原容量的15%。一直到这一次自然的变化彻底完成后，纯净优质的葡萄酒才算大功告成了。

如今，对葡萄酒有一定了解的朋友们谈到橡木，脑子里闪过的只怕就是法国等欧洲国家的卢浮橡、夏橡以及主产于美国的美洲白栎。很少人知道中国东北也产橡木，当时学名叫柞木。在计划经济时代，大批量弄到橡木几乎是不可能的任务。北京葡萄酒厂的一份档案显示，一张申请采购四块床板的普通报告，最后竟是辗转到北京市政府副秘书长的手中，签字批示后，酒厂才得到了宝贵的床板。如果按这个标准申请外省的柞木，也不知该批到哪一级领导才能购得。

当年来酒厂参观的这位领导无疑成为了橡木桶危机的救星，在听了酒厂领导关于橡木短缺的汇报后，他表示去和林业部说说。等领导走了，任玉玺心里打鼓，不知道首长一句"戏言"究竟管不管用，便一刻不耽误地向轻工局打了有关柞木的申请报告，轻工部一封报告打给当时的权威机构国家计委（相当于如今的发改委），很快传回佳音，林业部全力配合。

橡木桶的规格和型号很多。桶型有波尔多型、勃艮第型、雪利型等等，容量则有30升、100升、225升、228升、300升、500升，甚至几千升不等。如今，人们在龙徽葡萄酒博物馆地下酒窖看到的橡木巨桶，便是由当年吉林省霍林河林场的百分百优质橡木制成。同时它也是全世界规格最大的橡木桶之一，桶厚25厘米，储酒5000升。可以想象当年所用的是怎样的参天巨树。

橡木要在室外陈放 2 年到 3 年时间

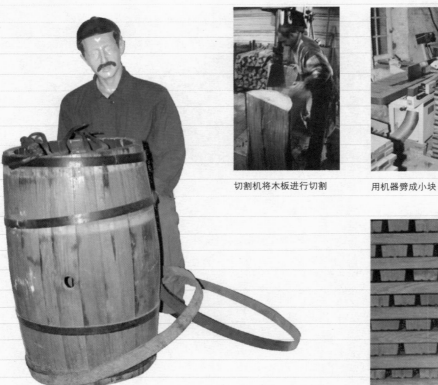

博物馆中橡木桶制作的人偶模型

切割机将木板进行切割

用机器劈成小块

木板两面打磨光滑

固定木板上端

用铁皮箍住

烘烤

让桶自然冷却

装桶盖

桶盖

检验是否漏气

抛光木桶外身

## 橡木桶如何制作

橡木桶是如何制作的呢？首先，橡木桶要在室外陈放 2 年到 3 年时间。然后，分十几道工序制作：

1. 将树木切成几段，然后用机器劈成小块。

2. 用切割机将木板进行切割，去掉树芯和树皮，再去掉质松、不好的部分。

3. 将木板两面打磨光滑。

4. 开始做桶，先将木板上端固定，然后用铁皮箍住。

5. 烘烤木桶内部，约 5 分钟，然后用水雾喷洒桶内桶外的中部，起到降低温度和增加木板韧性的作用。

6. 将橡木桶的下方用铁环固定，铜锅挤压，将下面的木板衔接处压到没有缝隙。

7. 将桶身铁环全部固定完成，让桶自然冷却。

8. 在桶中间打一个洞，用橡木板制作桶盖，由于木桶的两边都是合口，两块板能够牢牢扣住，然后用一个模子压下来，桶盖就完成了。

9. 卸掉第一个铁环，将桶盖装上，换上新的铁环。

10. 将高压蒸汽喷头塞到木桶里，检验是否漏气。

11. 抛光木桶外身，使其看起来更加美观。


## 橡木桶并非越老越好

葡萄酒是有生命的，橡木桶同样如此。用来储存葡萄酒的橡木桶一般只用两年，最多三年，酒厂就要扔掉或者处理给做白兰地的酒厂了，因为橡木桶的精华都已经被葡萄酒抽光。如果使用陈旧的橡木桶储酒，反而会让木头糟烂的气味渗入酒里去，影响葡萄酒的品质。

# 昂贵的大酒瓶

　　除了橡木桶外，生产香槟还有一个重大障碍——瓶子。在前面提到的特殊人物来访之前，酒厂始终为瓶子困扰着。香槟酒是起泡葡萄酒，瓶内气压很大，普通葡萄酒瓶一压就爆了。只有特制的抗压厚壁酒瓶，才能安全地承载这种美酒佳酿。然而，生产一个合格的香槟酒瓶，工序非常复杂，制作都是人工吹制，而且只有熟练的老玻璃工才能接得了这个活儿。瓶子完工之后，还需要进行试压。这个过程中，压爆的酒瓶是合格酒瓶的三到四倍。换句话说，生产五千个酒瓶，其中三四千个都将在试压过程中报废，合格的也就一千多个。

　　由于吃力不讨好，北京的玻璃厂都嫌麻烦，不愿意帮北京葡萄酒厂做香槟瓶。酒厂唯一的酒瓶来源只能是回收旧瓶，反复利用。所以当人民大会堂的国宴结束后，北京葡萄酒厂的员工都要迅速将一只只酒瓶捡上车，运回酒厂清洗消毒。

　　不过，这终究不是长久之计。当酒厂领导将这一问题与橡木桶危机一并说给首长听后，首长的态度是：即便多给些钱，哪怕一块钱一个（当年的二锅头瓶子也就几分钱），也要保证香槟瓶的生产。正是因为这句话，北京玻璃四厂承接了生产香槟瓶的任务，大香槟酒才免于减产厄运。

　　当年一瓶大香槟的价格是 6 元，而一个普通工人的月工资是 30 多元，之所以这么贵，瓶子成本昂贵是重要因素。

上义洋酒厂的大香槟海报

# 香槟酒瓶内的压力有多大

从 17 世纪起，一种两次发酵工艺就被用来酿造香槟酒。这种工艺会产生大量二氧化碳，使酒瓶内的气压达到 5-6 个标准大气压，相当于在每平方厘米的玻璃瓶壁上施加 5 公斤压力。这是普通酒瓶所无法承受的，所以香槟酒的酒瓶要比普通酒瓶厚得多也重得多，而且还要用铁丝网固定住瓶塞，以免瓶塞提前蹦出去。

对于香槟这一类起泡酒，更要注意开瓶的方法，因为在 18℃ -20℃ 的室温下，这类酒大概有 3-6 个大气压，需要当心，不要对着人开。如果想要"砰"的一声把酒打开，要先打开胶帽，然后一手用毛巾或者餐巾按着软木塞，将瓶子靠在桌上，解开铁丝，倾斜 45 度角，旋转瓶身，随着塞子的向上移动，那激动人心的响声便应然而至。如果不是为了庆典效果，最好不要上下摇晃酒瓶，因为这样会使瓶内的二氧化碳活跃，让大量的酒冲出瓶口。

# 香槟酒开瓶的传说

法国国王路易十六的妻子玛丽·安托瓦内特早年是香槟区埃佩尔纳一个葡萄酒农的女儿。1770 年，刚满 18 岁的玛丽被路易十六选为王后，埃佩尔纳的酒农为玛丽王后建了一座凯旋门。玛丽王后离家那天，全镇的人前来欢送，带着香槟赴巴黎的玛丽兴奋异常，"砰"的一声，打开一瓶香槟酒向欢欣雀跃的人群。然而，幸福总是短暂的，19 年后，法国大革命爆发，玛丽王后仓皇出逃，当逃至家乡的凯旋门时，被革命党人抓住。物是人非事事休，面对旧日景致，玛丽王后触景生情，再次打开一瓶香槟，却只传来轻微的声响，犹如一声叹息。

后来，为了纪念玛丽王后，从 1789 年至今的两百多年里，香槟区的酒农们除了盛大的庆典活动外，平时在开启香槟时，是不弄出声响的。当酒农们拧开瓶盖酒体溢出"咝"的气声时，他们便会说这就是玛丽王后的叹息。

当然，这个有关香槟开瓶的传说并不真实，因为玛丽皇后出身皇族，系神圣罗马帝国皇帝弗朗索瓦一世与奥地利女王玛丽亚·特蕾西亚的第十五个孩子，既非法国人，更不是葡萄酒农的女儿。

# 伍·角落里的巨型蒸馏锅

# 葡萄烈酒白兰地

　　当年唐太宗按照西域高昌国秘方酿制的"芳辛酷烈"的葡萄酒，若以口感来看，极有可能就是如今的白兰地。20 世纪 30 年代，龙徽就开始着力发展蒸馏烈酒。最早是用葡萄酒进行两次蒸馏获得白兰地。

　　如今，龙徽博物馆内收藏有两个近 3 米高的铜锅，那是 20 世纪 50 年代末专门用于生产法国干邑白兰地与威士忌的壶式蒸馏锅。蒸馏锅采用全铜焊铸而成，在当年重金属稀缺的时代，所需的铜全部由老工人在市面上收集而来，焊接而成，由于工艺水平的限制，铜锅上焊接的纹路还比较粗糙。

　　白兰地以白葡萄酒作为基酒，通过两次蒸馏提高酒精浓度，再经长时间橡木桶陈酿而成，所以属于葡萄加烈酒。因为铜锅出酒率低，10 吨葡萄出 1 吨白兰地，现在早已不用于生产了。因为其制造工艺的特殊性，国外同行还曾有意以 10 万欧元购买保存，被龙徽婉拒。如今，这两只古朴厚重带有时代特色与工艺特色的大铜锅静静伫立在博物馆的角落，作为历史的见证，向参观者静静讲述当年的故事。

　　白兰地的生产过程大致如下：

　　1. 发酵成白葡萄酒。葡萄采摘后，经分选去梗后进行压榨，将果汁与葡萄皮、籽分离、澄清，然后经低温发酵2—3周后酿制成白葡萄酒。

2. 两次蒸馏。白葡萄酒在铜制的壶式蒸馏锅内加热至沸腾，酒的蒸汽通过"天鹅颈"后被导入一个冷凝器。两者之间的热酒器可减少两次蒸馏间的时间和能源消耗。热蒸汽在冷凝器凝结成液体，酒精度在27%vol—32%vol之间，接着又被导入壶式蒸馏锅中进行第二次蒸馏，成为无色透明的"生命之水"，而酒精度更高达72%vol—80%vol。

3. 陈酿和调配。为了获得白兰地特有的味道和颜色，"生命之水"还需要在橡木桶里进行长时间陈酿，最后把它们调配成不同年份的白兰地。

白兰地蒸馏工艺在白兰地生产环节中可以说是起着承前启后的重要作用，它可以将生产白兰地的葡萄品种固有的香气，以及发酵时所产生的香气以最优的比例保留下来，并为后来的贮存提供前期芳香物质。而白兰地的蒸馏绝不仅仅是单纯的发酵酒的酒精提纯，它的蒸馏酒度两次分别有着严格的控制。这样才能把发酵原料酒中的芳香成分保留下来。

干邑白兰地的蒸馏设备由铜制成的原

白兰地壶式蒸馏锅

白兰地壶式蒸馏锅局部

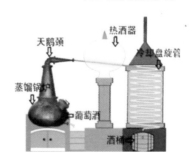

白兰地生产过程图

因是：铜具有很好的导热性，而且是某些酯化反应的催化剂，而铜对原料酒的酸度又具有良好的抗性，加之铜在加热蒸馏过程中可以生成含铜的丁酸、乙酸、辛酸、癸酸、月桂酸盐。这些盐是不溶性的，除去了味道不够好的这些酸性物质，并去除高级醇，有利于提升白兰地的质量。

## 白兰地的种类

白兰地威士忌老海报

白兰地（Brandy）是以水果为原料，经发酵、蒸馏制成的酒，通常称的白兰地专指以葡萄为原料，通过发酵再蒸馏制成的酒，酒标上即显示 Brandy，但并非只有以葡萄为原料所制造出来的蒸馏酒才叫白兰地。

白兰地一词属于泛指性的术语，以其他水果为原料，通过同样的方法制成的酒，常在白兰地酒前面加上水果原料的名称以区别其种类。比如，以樱桃为原料制成的白兰地称为樱桃白兰地（Cherry Brandy），以苹果为原料制成的白兰地称为苹果白兰地（Apple Brandy）。

## 世界八大烈酒

烈酒通常按习惯分为八大类：金酒（Gin）、威士忌（Whisky）、白兰地（Brandy）、伏特加（Vodka）、朗姆酒（Rum）、龙舌兰酒（Tequila）、中国白酒（Spirit）、日本清酒（Sake）。

# 中国最早的金酒

　　除了白兰地之外，金酒也是一种典型的葡萄加烈酒。

　　金酒又被称作杜松子酒，是用杜松子和谷物一同发酵，再蒸馏、调制而酿成的一种烈酒。这种酒最先由荷兰生产，据说，1689 年流亡荷兰的威廉三世回到英国继承王位，于是杜松子酒也借此传入英国，风靡英伦。金酒是世界第一大类的烈酒，按口味风格又可分为辣味金酒、老汤姆金酒和果味金酒。

　　中国最早酿造金酒的地方，也是在龙徽的前身——"栅栏教堂"的上义洋酒厂，时间是 1938 年。

　　当时的酒厂负责人吉善决定酿造金酒。他打听到北京西山八大处一带有许多古老的寺院，那里有许多繁茂的杜松树。秋天的时候，吉善便带着酒厂工人一同登山采摘杜松子，再将成车的杜松子运回酒厂。

　　金酒的怡人香气主要来自具有利尿作用的杜松子。杜松子的添加方法有许多种，一种是将其包于纱布中，挂在蒸馏器出口部位，蒸酒时，其味便串于酒中；或将杜松子浸于绝对中性的酒精中，一周后再回流复蒸，将其味蒸于酒中；有时还可以将杜松子压碎成小片状，加入酿酒原料中，进行糖化、发酵、蒸馏，以得其味。

　　龙徽最早酿造杜松子酒用的就是最后一种方法，将杜松子经过筛选后进行粉碎，掺入处理好的酒精中。杜松子粉要在酒精里泡四个月，每隔一段时间还要搅拌，四个月后再将这些糊状的"杜松子酒精酱"进行蒸馏，得到的蒸馏液就是用来调制金酒的原料。

当时的蒸馏设备是自制的铜制卧式蒸馏锅，锅顶安装了一根铜管（回流器）。挥发的蒸汽涌入这根铜管，而铜管底部又连接着冷却设备，蒸汽一经冷却，马上变成饱含杜松子香气的酒精液体，缓缓流入盛酒的容器。和中国白酒一样，最早流出的被称作酒头，味道非常浓烈，最后流出的是酒尾，味道淡而酸。酒厂为保证质量，只取中段流出的酒液，将酒头和酒尾进行二次蒸馏，从而确保了香料原酒质地纯净，味道醇厚，回味无穷。最后再将香料原酒与酿酒酒精勾兑，陈酿一段时间后装瓶上市。

进口的金酒价格较高，所以当上义洋酒厂的金酒推出后，马上成为北京饭店、六国饭店调制鸡尾酒的首选产品，并很快在全国其他省份畅销起来。

1946年内战爆发，许多美国海军官兵在秦皇岛、天津登岸休息时，都很喜欢上义金酒，甚至还有美国大兵将上义洋酒厂生产的金酒带回美国给朋友品尝。上义勾兑金酒的香料原酒是中国最早的、也是唯一的金酒原浆，当时国内如北京苗记酒厂、北京张蔚酒厂、天津利达酒厂所生产的金酒，全部是从龙徽购买原浆进行勾兑的。所以，龙徽是那时中国金酒酿造的开创者。

明代宫廷写本《食物本草》中的广西蛇酒酿造图

## 由药剂变饮品

金酒最初是一种治病的药剂。1660 年，荷兰莱顿大学的西尔维斯（Sylvius）教授为了帮助在东印度地域活动的荷兰商人、海员和移民预防热带疟疾病，用杜松子果浸于酒精中，作为利尿、清热的药剂使用。

后来，人们发现这种利尿剂香气和谐、口味协调、醇和温雅、酒体洁净，清爽而自然，便将其作为正式的酒精饮料饮用。有的国家和酒厂还配合其他香料，如：芫荽、豆蔻、甘草、橙皮等来酿制金酒。

陆·莲花白与桂花陈

# 藏于史书的"莲花白"

博物馆的字画走廊里挂满了与酒有关的名家墨宝，其中爱新觉罗·溥杰先生的一幅墨宝背后还藏有一段趣闻。

清末民初，徐珂编撰整理了一部关于清代掌故遗闻的汇编，即《清稗类钞》。书中有这样一段关于宫廷御酿的记载："瀛台种荷万柄，青盘翠盖，一望无涯。孝钦后每令小阉采其蕊，加药料，制为佳酿，名莲花白。注于瓷器，上盖黄云缎袱，以赏亲信之臣。其味清醇，玉液琼浆，不能过也。"

中南海中的皇家禁地瀛台，万柄荷花，接天连日无穷碧。慈禧太后常令小太监采荷花蕊，加上特定香料药材，酿成一种佳酿，名为"莲花白"，时不时还赏给亲贵大臣赏味。

到了 20 世纪 60 年代，"莲花白"再现，并成为计划经济时代国内仅次于茅台的第二高价名酒，同时也是出口量仅次于竹叶青的调制酒。而研制酿造这款现代古酒的正是龙徽的前身北京葡萄酒厂。作为一个生产葡萄酒、洋酒的企业，为什么研制起了传统白酒？探寻事情的源头，其实也有些偶然和传奇。

1959 年，香港《大公报》一位姓连的经理来北京参加会议，临时起意，顺道赴北京葡萄酒厂参观。没想到，这一连串偶然竟将隐藏于史书中的宫廷

著名国画家、老舍夫人胡絜青手书
《清稗类钞》中关于宫廷御酿的记载。

陈酿再度引了出来。这位连经理早年曾就读于燕京大学，既好风雅又对品酒有几分兴趣。他谈及当年饮酒的经历，说清末民国时代北京有一种好酒，名曰莲花白，在海淀有卖，京地的文人聚在一起都喜欢饮上几杯，不仅味美，而且雅致。说者无意，听者有心，此时正值北京葡萄酒厂扩大生产规模的当口，这段话引起了厂领导的极大兴趣。

既然早年海淀有卖，北京葡萄酒厂的领导班子便试着向海淀区轻工局打探这种古酒的信息。追根溯源，原来卖莲花白的地方叫做"仁和酒店"。清光绪二十五年即1899年，一个姓甄的人家不知从什么途径得了慈禧太后的宫廷秘方，便开了家小酒馆主卖莲花白酒，其位置就在今天的昊海楼。得知了这个信息，厂长任玉玺和技术骨干韩岱起骑着自行车访到仁和酒店，想多了解一些有关莲花白的信息。当时的仁和酒店和大部分京城老字号一样，已经走上了公私合营的道路，独门手艺的小酒馆也慢慢向大众饭馆转变。

从学徒工出身的刘文启那儿,任玉玺和韩岱起获得了一个令人失望的消息:莲花白已经停产多年了,店里也再没人懂得酿造这种酒的方法。不过,刘文启倒是提到当年的仁和酒店有个甄少掌柜,此人或许还知晓莲花白的秘方。只是此人境况不太好,现下正在长阳农场被监督劳动。

任玉玺和韩岱起下定决心,不达目的,誓不罢休,次日又骑上车去长阳农场,找到这位甄少掌柜。无奈结果再一次不遂人愿。甄少掌柜说自己当年只负责经营管账,并不曾参与莲花白的酿造,整个老仁和酒店大概只有一位老工人还能记得配方。任、韩二人按图索骥,好不容易寻到了甄少掌柜所说的这位老工人。老人当时年纪已经很大了,对莲花白的配方只有大概的印象。不过见到还有人对莲花白酒如此关注,老人心里很是欣慰,便将手头一直保存的酿造莲花白酒的小紫铜锅送给了北京葡萄酒厂。这个铜锅一次最多只能产20斤酒,虽然无法大规模生产,但在莲花白研发阶段还是起到了一定作用。后来到了"文革"期间,这件紫铜锅遗憾地被当做铜料卖掉了。

香港《大公报》的连姓经理得知由于自己的回忆,引来北京葡萄酒厂人对莲花白的几番寻访,索性寄来一本载有莲花白信息的《清稗类钞》供北京葡萄酒厂参考。北京葡萄酒厂的技术人员韩岱起、姜文巨、韩玉堂,便以仁和酒店老工人的回忆以及《清稗类钞》中关于莲花白的记载为依据,通过与中医师的研讨核对,创出了由26味中药调配而成的莲花白酒。这就是当代莲花白酒的创制经过。

当莲花白酒横空出世、大获成功后,还出现了一幕小插曲。一日,房山区政协主任横彬找到北京葡萄酒厂,表明来意,说他是仁和酒店原东家的亲戚,莲花白酒所用的是仁和酒店的秘方,希望北京葡萄酒厂将知识产权归还仁和酒店。他强调自己是爱新觉罗·溥杰的族亲,是受溥杰先生的支持而来。如果谈不拢,两家就要诉诸法庭。任玉玺见对方来者不善,于是拿出了那份《清稗类钞》,其中书文凿凿,北京葡萄酒厂的莲花白酒是根据书中文字自行研制而来,与仁和酒店传统的莲花白并不一样。横彬看北京葡萄酒厂方面说得

御莲白酒

莲花白酒老海报

有根有据，也就无话可说了。不久以后在横彬的支持下，仁和酒店推出了一款菊花白酒。现在市场上也还有销售。

1982年，爱新觉罗·溥杰先生品评莲花白酒之后，挥笔写下诗句："酿美醇凝露，香幽远益清。秘方传禁苑，寿世旧闻名。"任玉玺问及当年往事，溥杰先生对这段有关莲花白之争的公案并不知情。不过，一番寻访能够引出两款佳酿，也堪称现代酿酒工业的美谈了。

莲花白酒与罗木酒的老产品海报。罗木酒即朗姆酒。

# 现代古酒"莲花白"

莲花白酒液清澈透明，气味芳香协调，浓郁的药香与酒香融为一体，醇厚不烈，口味甘美，系采用莲蕊、当归、五加皮、砂仁、豆蔻等 20 多种珍贵药材，经提炼配于陈年纯正高粱酒，入瓷瓶增香密封陈酿而成，具有滋阴补肾、补中益气、和胃健脾、舒经活络等功效。

# 莲花白品牌商标

关于莲花白酒注册商标的情况：1963 年到 1980 年为"莲花白牌"莲花白酒。1977 年到 1992 年间，根据国家有关规定，统一由粮油进出口公司注册出口商标为"丰收牌莲花白酒"。1992 年以后统一改为"中华牌"莲花白酒。1992 年因与河南西峡县酒厂注册商标发生纠纷，1996 年产品名称改为"中华牌"御莲白酒。2003 年经北京市一轻控股责任公司决定：北京葡萄酒厂资产重组，限定龙徽酿酒有限公司专门生产各类葡萄酒，"御莲白酒"转交红星股份有限公司生产。

明代宫廷写本《食物本草》中的淮安绿豆酒及江西麻姑酒酿造图

明代宫廷写本《食物本草》中的枸杞及桑葚酿酒图

# 味美常思"桂花陈"

葡萄酒里有一种酒叫冰酒,为了酿造冰酒,采摘人员凌晨两三点就要到葡萄园,须在天亮以前将冻成冰的葡萄采完,送到酒庄压榨,否则一经阳光照射,葡萄就烂掉了。在北京葡萄酒厂的历史上,有一种虽然与冰酒毫不相同,但原料收集难度却堪比冰酒的葡萄酒,即桂花陈酒。因为它甘甜养颜,又被称作"贵妃酒"。

20世纪60年代江苏吴县的一座小镇里,凌晨三点多,在技术科长韩岱起的带领下,采摘人员将干净的塑料布铺在桂花树下,用竹竿轻轻地敲打枝头的桂花。工作必须在太阳初升前完成,因为见过金秋明丽的阳光,这些含苞欲放的桂花便忍不住绽开了,桂子里的凝香也就重返大自然了。而北京葡萄酒厂所需要的,只是含苞欲放的嫩桂花。他们熟练地将无数鲜嫩柔软的桂花装进大酒坛,用特制的酒液泡上,密封之后立即装上发往北京的火车皮。这一情景不能不叫人联想到冰酒。

而这款北京葡萄酒厂自创的、原料如冰酒般细致的产品,也是一种葡萄酒。今天看来,它类似意大利的味美思,是以发酵葡萄酒为基酒,混合香料陈酿而成。意大利人通常用水果和草药泡制味美思,而北京葡萄酒厂所用的是珍贵的嫩桂花。

20 世纪 60 年代农民采摘桂花的情景 　　　　　　　　　选取桂花原料

　　酿造桂花酒的念头也是在 1959 年产生。研发这一产品的动机，是为了完成一项为国庆十周年献礼的政治任务。之所以选择桂花酒，是因为毛主席《蝶恋花·答李淑一》词中有一句"问讯吴刚何所有？吴刚捧出桂花酒"。桂花酒的立意与当时的历史环境非常合拍。

　　经过北京葡萄酒厂领导和技术人员的讨论，认为做一种桂花口味的加香葡萄酒既有创意，又具备可行性，于是正式立项上马。酿制这种酒的基酒比较容易，酒厂有现成的龙眼和玫瑰香的白葡萄酒，难点是香料。

　　当时没有百度和阿里巴巴，企业需要什么只能托人四处打听。经过在北京四九城的地毯式搜索，发现全北京城只有一家叫信远斋的食品厂用桂花香料，专门在做饮料和点心时调味。他们的桂花香料来自江苏吴县。不过，照抄信远斋的桂花香料也不可行，因为吴县生产的桂花香料里掺了梅泥，桂花酒只要桂花的幽香，不需要梅子的酸味。为了原料问题，北京葡萄酒厂派人去江苏考察。几经比较，相中了吴县有两千多年历史的光福古镇。

中华桂花陈

　　北京葡萄酒厂的桂花酒需要"待放之朵"的纯桂花。倘若由当地村民自行采摘，则桂子的鲜嫩得不到保证。而且刚采下的桂子，还必须以酒精封住原香。因为这些考究的原料、工艺要求，采收只能由酒厂派人完成。正因如此，才有了凌晨打桂的一幕。

　　北京葡萄酒厂的桂花酒在近现代酿酒史上有很特殊的地位。在欧洲，有两种传统的加香酒，一种是以蒸馏烈酒为基酒，再放入水果、香料浸泡，西方人称之为利口酒。另一种以发酵葡萄酒为基酒，用芳香植物的浸液调制而成，即"味美思"（意大利文 Vermouth 的音译），其中尤以意大利的马丁尼最出名。

桂花陈

中国历代向来不乏"利口酒",如竹叶青、莲花白,都是烈酒加香的"利口酒"。由于发酵葡萄酒不普及,所以历史上极少有"味美思"的记载。而北京葡萄酒厂的桂花酒,将中国最本土的香料与葡萄酒相结合,慢慢成为大众消费市场最流行、最普及的"味美思",无疑是一件创举。

1962 年,北京葡萄酒厂的出口负责人林洪儒专程赶赴天津,请天津美术学院的教授肖红叶帮助桂花酒设计商标。这款商标今天在大超市依然能见到,它覆盖在桂花陈酒瓶上已近半个世纪之久。

# 味美常思

味美思是意大利文 Vermouth 的音译，其历史可以追溯到古希腊时期。据说古希腊的王公贵族为滋补强身，选用各种芳香植物调配开胃酒，饮后食欲大振。到了欧洲文艺复兴时期，意大利的都灵等地渐渐形成以"苦艾"为主要原料的加香葡萄酒，即"苦艾酒"。

味美思的生产工艺比一般的红、白葡萄酒复杂。首先要生产出干白葡萄酒作原料，优质、高档的味美思，尤其要选用酒体醇厚、口味浓郁的陈年干白葡萄酒方能保证其品质。而后选取特定种类的芳香植物直接放到干白葡萄酒中浸泡，或者把这些芳香植物的浸液调配到干白葡萄酒中去，再经过多次过滤和热处理、冷处理，经过半年左右的贮存，才能产出质量优良的味美思。

可以用于调配味美思的芳香植物主要有：蒿属植物、金鸡纳树皮、苦艾、杜松子、木炭精、鸢尾草、小茴香、豆蔻、龙胆、牛至、安息香、可可豆、生姜、芦荟、桂皮、白芷、春白菊、丁香等，不同类型的味美思在选取芳香植物上各有侧重，不一而足。

意大利型的味美思以苦艾为主要调香原料，带有浓郁苦艾香气，略带苦味，法国型的味美思则苦味突出，更具刺激性；中国型的味美思则在国际流行的调香原料以外，又配入中国特有的名贵中药，别具风味。

# "待放之朵"与更名风波

桂花，又名木樨，《红楼梦》中进上的贡品木樨清露就是一种桂花蒸馏所得的香露，可疏肝理气，醒脾开胃。

关于酿制桂花酒所需的"待放之朵"可追溯至清代《帝京岁时纪胜》中对桂花酒的记载："于八月桂花飘香时节，精选待放之朵，酿成酒，入坛密封三年，始成佳酿。酒味香甜醇厚，有开胃、怡神之功……"。

而这段尘封在历史的记载也成为后来"桂花酒"更名为"桂花陈酒"的理由。

1961年到1962年，桂花酒在广交会上出现了叫好不叫座的奇怪现象。主要原因出在出口价格上。因为桂花酒是以葡萄酒为基酒酿造而成的，按国内一般认识，属于洋酒范畴。当时洋酒出口的税率比土酒要高得多，这使桂花酒遭遇到意外的"贸易壁垒"。

为了变通行事，当时北京葡萄酒厂的出口负责人林洪儒翻出《帝京岁时纪胜》，想着如果将"桂花酒"改个名字，改为"桂花陈酒"，是不是就可以按照土特产的低税率"借船出海"呢？这一构想得到了厂长任玉玺的支持。

任玉玺拿着《帝京岁时纪胜》中的"依据"找到了外贸部门，陈述桂花陈酒源远流长，历史悠久。一番唇枪舌剑之后，主管部门终于把桂花陈酒这种中国特色的"味美思"划进了土特产范畴，赢得了低税率的待遇。从此以后，这款酒在国内的名称叫"桂花酒"，出口时则叫"桂花陈酒"。

1982年，末代皇帝溥仪的胞弟溥杰在品味桂花陈酒后思及过往题词道："八月桂凝香，晶莹琥珀光。绍赓前代味，十亿共欣赏。"

溥杰为桂花陈题词

柒·故事藏在酒瓶里

# 中美破冰的见证——薄荷蜜酒

　　博物馆企业发展厅主要展示了建国后龙徽葡萄酒厂的前身北京葡萄酒厂的发展变化，从夜光杯中国红葡萄酒，到加香葡萄酒桂花陈、利用传统古方创新改良的莲花白，以及中美破冰的见证赠送尼克松总统的薄荷蜜酒等，再到龙徽品牌创建后的一系列以产地控名的怀来珍藏，北京葡萄酒厂的这些主要产品见证了从近代到当代中国葡萄酒发展的历史进程。

　　在起源厅藏品中，有一瓶酒晶莹剔透，酒瓶颜色青翠欲滴，犹如万红丛中一点绿。此酒名为"薄荷蜜"，当年曾是中美破冰的见证，如今作为博物馆的"镇馆之宝"，为今人讲述那段风云往事。1972 年 2 月 21 日，毛泽东主席会见首次来华访问的美国总统尼克松，中美两国关系开始走向正常化。北京葡萄酒厂受命特制的传统薄荷蜜酒（利口酒），作为国家礼品赠送给尼克松总统及美国代表团随行人员。

　　薄荷蜜酒采用新鲜薄荷浸渍蒸馏原酒，调配、贮藏而成。酒体呈绿色，澄清透明，具有浓郁的薄荷香气，饮后清凉醇厚，适量饮用能促进血液循环；酒瓶为人工吹制，酒瓶图案采用手工描金，精美高贵。由于工艺考究、包装精致，当年仅生产了 42 瓶。送给尼克松总统及随行人员后，仅存两瓶，如今均藏于龙徽葡萄酒博物馆中。

# 汽水瓶里的葡萄酒

　　1985 年以前出生的人或许对一种装在汽水瓶子里的葡萄汽水有着朦胧的记忆。这是一款低度充气的葡萄酒产品，当时在国内销路很好。不过这款产品也颇经了一番波折，由于技术问题，一度搁置长达八年之久。

　　葡萄汽酒的生产创意始于 1972 年的一个晚上。电话铃声叮铃铃响起，北京葡萄酒厂厂长任玉玺接起电话，光缆那一头的是外贸部部长周华明，"老任哪，你过来，带上两瓶莲花白，咱们叙叙。"放下电话，任玉玺赶忙提上两瓶酒去往周部长的住处。

　　原来，当时周华明手头正翻阅一份材料，里面的数据使他想起了任玉玺。在生产荒废的 1972 年，他惊奇地发现北京葡萄酒厂生产的莲花白酒、桂花陈酒、葡萄汽酒三款产品依然保持着强劲的出口势头，在中国出口企业中独树一帜。如果稍加扶持，或许会更上一层楼。

　　不多会儿，任玉玺提着酒找到周华明的住所。酒过三杯，周华明提出自己的想法：你这酒卖得这么快，有什么打算？如果想引进设备，现在就填单子报项目，我当场给你批外汇。任玉玺心头先是一喜，接着又沮丧道：申报单都是英文，我现在可填不了。周华明说：这个好办，我明天找个人帮你填。第二天，任玉玺找到了义利食品公司技术科长顾克明，此人精通英文。任玉

薄荷蜜酒

葡萄汽酒

玺说，顾克明写，申报了一整套葡萄汽酒的生产设备。

作为一种低度充气的葡萄酒产品，北京葡萄酒厂最初开发葡萄汽酒是为了弥补北京市啤酒供应不足的市场状况，没想到，无心插柳，后来在出口上居然也闯出点名堂，一年外销十多万箱。葡萄汽酒的主要出口地是印度尼西亚。印尼是个伊斯兰国家，按照宗教法不允许饮酒。但这种酒精度 3.5%vol 的低醇饮品被当地人纳入软饮范畴，不在禁忌之列。所以印尼海军们喜欢拿它充当船上的补充饮料。

20 世纪 70 年代末，北京葡萄酒厂用 120 万美元从南斯拉夫引进了第二套生产线，包括压榨设备、破碎设备、储存罐、泵、冷冻设备、离心机（后三种为法国制造）。这 120 万美元原本是均分给北京葡萄酒厂、东郊葡萄酒厂两家企业的，后者的自行放弃让北京葡萄酒厂独享了科技进步的果实。

任玉玺正是想到葡萄汽酒强大的出口潜力，决定引进先进的汽酒设备，扩大规模。没过多久，北京葡萄酒厂在广州与一家德国公司签约。让人遗憾的是，由于配套设施无法跟进，这套先进的设备运回北京后竟然在仓库里沉睡了八年。这些问题直到 20 世纪 80 年代才彻底解决，几位厂领导直到今天提及此事还都是一脸无奈。最终设备装上了，葡萄汽酒的出口黄金期也过了，庆幸的是这款产品在国内销路还不错。

葡萄汽酒风波虽然漫长甚至有点荒诞，但它是一次勇敢的开端，再次证明了在当时有些闭锁的生产环境下北京葡萄酒厂吸收外来先进理念的前瞻性。第二套生产线彻底改变了北京葡萄酒厂劳动密集型的旧面貌，使它成为国内最早迈入现代化生产的葡萄酒企业。

# 消失的中国白

　　1962 年，北京葡萄酒厂的产品首次参加中国进出口商品交易会即广州交易会，从而开启了中国红、莲花白、桂花陈酒的出口辉煌史。然而在这次广交会上，北京葡萄酒厂却意外地失去了一个品牌——中国白。此后，中国红的红丝带在国宴、家宴一路飘红，而中国白却不见踪影。

　　北京葡萄酒厂历史上有一位叫林洪儒的人，长期待在香港，对口岸贸易有一定了解。回到内地后，经任玉玺厂长在化学公司的旧识介绍，来到北京葡萄酒厂负责外贸，成为任玉玺的左膀右臂。这位林洪儒，是北京葡萄酒厂历史上第一个提出产品出口的人。

　　1962 年，国内的外贸窗口仅有一处——广州进出口商品交易会。因为手头有了莲花白、桂花陈两个新品，林洪儒建议厂长任玉玺到广交会上去碰碰运气。当时去广州参加广交会倒没什么问题，可是住在哪儿却叫人头痛。20世纪 60 年代如果没有介绍信，广州的宾馆是不接待的。在林洪儒建议下，任玉玺辗转请北京市公安局的一位处长开了封介绍信。当年就是凭着这封介绍信，北京市公安局的"驻广办"工作人员才开着小轿车，将任玉玺从广州站送到广州市高档的爱群酒店。

　　事有凑巧，当北京葡萄酒厂赶赴这场险些无处落脚的广交会时，北京市

博物馆中陈列的老产品

政府组织的代表团也同时来到了广交会。任玉玺刚安顿下来，就接到市代表团的通知，让他为市代表团的酒会准备几箱酒。就这样，中国红、中国白、莲花白、桂花陈第一次在广交会上亮相。这次亮相虽然只卖了区区几十箱，但产品名气总算打出去了。而且，这还是整个北京企业在广交会上获得的第一桶金。

北京葡萄酒厂在广交会上仅几十箱的销量，却在千里之外的北京泛起了波澜。北京葡萄酒厂当时隶属于北京食品酿造公司，公司副经理王义雄得知北京的葡萄酒居然在广交会上实现了零的突破，一时兴奋不已，当即组织了一个代表团向广州进发，随即而来的还有一项指示——希望北京葡萄酒厂从四款产品中让出一款给北京东郊葡萄酒厂。原因很有时代特点：当时正是计划经济时代，既然北京葡萄酒厂已经有好几个拳头产品，就应该让出一部分给其他酒厂，彼此各司其职，互不竞争。

既然是政治命令，自然违抗不得。任玉玺、韩岱起、祝俊杰三人经过商量，

如今市面已不常见的各式老产品

决定把"中国白"葡萄酒的品牌让给东郊葡萄酒厂。这就是为什么北京葡萄酒厂只产"中国红",不生产"中国白"的原因。在后来的岁月里,中国红的形象深入人心,它的红丝带摇曳在各类重要宴会场合。而中国白从此归他厂所有,在北京葡萄酒厂销声匿迹了。

1963 年,工业部成立出口办公室,全国 12 家重点出口企业中,每个企业派出一名工业代表参与出口事务。北京葡萄酒厂厂长任玉玺入选,并担任工业代表组组长。从此,任玉玺坐镇广州负责出口,北京葡萄酒厂的产品不断在广交会上创造佳绩,出口增长一直持续到 1966 年。

# 那些年，记忆中的味道

怀旧是一种情怀，更是一种情结，人们常常怀念过去的一些东西，这些老物件带着时代的痕迹，扎根于人们模糊的记忆中。

红色年代，北京葡萄酒厂的产品既是外交场合的功勋佳酿，又为普通家庭增添了无尽乐趣，成为如今许多人时常怀想的味道。

## 玫瑰香白葡萄酒

玫瑰香白葡萄酒是北京葡萄酒厂的传统产品，是一种淡黄色甜型白葡萄酒，系以玫瑰香葡萄为原料，经破碎、分离、发酵、陈酿等多种工序，精心酿制的单一品种白葡萄酒。酒精度 5%vol，糖度 8g/1。

玫瑰香葡萄（Muscat），又名麝香葡萄、莫斯佳等，欧亚种，原产英国，是一个古老的葡萄品种，1860 年由英国人斯诺用亚历山大和黑罕杂交而成，是世界上著名的鲜食、酿酒、制汁的兼用品种。

## 威士忌酒

威士忌是北京葡萄酒厂的传统产品，采用优质大麦为原料，经糖化、发酵、蒸馏、贮存等工艺酿成。酒色呈金黄色，澄清透明，酒味醇厚，有威士忌独

老产品陈列

特的芳香，可净饮，也可以调配鸡尾酒。

上义威士忌早在民国时期就有生产，至今已有近百年历史，是中国最早的蒸馏洋酒，其酒精度为42%vol。

威士忌（Whisky）源自苏格兰古语，意为生命之水（Water of Life）。威士忌酒的分类方法很多，依照威士忌酒所使用的原料不同，威士忌酒可分为纯麦威士忌酒和谷物威士忌酒以及黑麦威士忌等；按照威士忌酒在橡木桶的贮存时间，它可分为数年到数十年等不同年限的品种；根据酒精度，威士忌酒可分为40%vol–60%vol等不同酒精度的威士忌酒；但是最著名也最具代表性的威士忌酒分类方法是依照生产地和国家的不同可将其分为苏格兰威士忌酒、爱尔兰威士忌酒、美国威士忌酒和加拿大威士忌酒四大类。

### 小香槟酒

小香槟是北京葡萄酒厂名牌产品，是一种低度清凉饮料。它以葡萄酒为原料，在酒内加入适量中药，并充入充足的二氧化碳气体，饮后具有酒香和药香之感，清爽利口，并有提神解乏之功效。

小香槟酒酒精度5%vol，糖度8g/l。

# "龙徽" 由来

  作为北京的一座行业博物馆，产品展示厅主要展示了龙徽、中华、夜光杯三大品牌的主导产品，个性化展柜则是个性化酒标的制作展区。酒标艺术是葡萄酒文化的一部分，个性化酒标则让品酒者更能与自己心爱的葡萄酒融为一体，并能根据不同的场合、用途进行设计。

  商品厅则主要销售龙徽公司的葡萄酒，以及葡萄酒周边相关的文化产品。此外，商品厅还收藏着北京一轻控股公司的部分特色藏品，比如星海钢琴为共和国 60 年华诞特制的红酸枝巨龙祥云钢琴等，记录着北京轻工业发展的历史与成就。

  1985 年，改革开放进入第七个年头。中国企业在各行各业尝到了国外资金和先进技术的甜头。此时的北京葡萄酒厂凭借桂花陈酒、莲花白酒等畅销一时的产品，创下了全国首屈一指的利润率。然而资金的瓶颈阻碍了酒厂进一步扩大生产，将桂花陈酒扩产到 3000 吨的计划一拖再拖。而且，从 1972 年就开始引进国外设备的北京葡萄酒厂，也清楚地意识到国内酿酒工业与世界的差距。这一系列问题使酒厂开始积极寻找国际合作伙伴，筹备引进外资。1985 年 5 月的一天，经过中国工商经济开发公司之前的穿针引线，北京葡萄酒厂与法国著名的酒业集团保乐力加签订了一份合作意向书。这份意向书构

签字仪式

博物馆出口处展厅陈列的星海钢琴

想了一幅完美的合作图景：北京葡萄酒厂不用出一分钱的资金，在酒厂院内划出一个独立的车间作为股本；法国保乐力加集团提供先进的酿造技术和设备；由中国工商经济开发公司和法国东方汇理银行两家专业的资本公司提供现金股本，共同组建一家酿造高端葡萄酒的合资企业。如此一来，大家各献所长，各取所需。北京葡萄酒厂引进外资的步伐就是从这个构想开始的。

1986年4月4日，在北京葡萄酒厂提交了合资可行性报告之后，项目报告被送往国家经委、经贸部。一年之后的1987年3月17日，名为"北京友谊葡萄酿酒股份有限公司"（后变更为"北京龙徽酿酒有限公司"）的合资公司正式注册成立。

股东有北京葡萄酒厂、法国保乐力加集团等共5个，中方占股56.67%，外方占股43.33%。企业的注册地点在北京市玉泉路2号北京葡萄酒厂院内，原柠檬酸车间旧址。整个合资的过程从筹划到完成，历时23个月。1988年5月，以龙徽命名的高级葡萄酒问世。从此，"龙徽"正式登上历史舞台。

新组建的"北京龙徽酿酒有限公司"原计划六年实现盈利。然而合资各方惊喜地看到，合资企业只用了三年就带回了利润。根据西方企业一贯的做法，哪里有钱赚就往哪里投入更多的资金，所以保乐力加毅然决定采取激流勇进的策略——进一步扩大合资。

经过谈判，到1994年，保乐力加不仅收购了北京葡萄酒厂之外其他各股东的股份，并投资1200万美元与北京葡萄酒厂合资建立了"北京保乐力加酿酒有限公司"。这一次保乐力加投入的资本是1987年的10倍。新的合资公司由法方控股65%，中方持股35%。作为大股东，法方接管了桂花陈、莲花白、葡萄汽酒等产品的生产与销售管理，将整个北京葡萄酒厂的生产和经营纳入它的管辖范围之内。

法方根据自身"不求规模最大，只求品质最好"的经营理念，并以五星级酒店为主要渠道进行产品销售，称之为"五星战略"。这种模式奠定了龙徽产品的高端定位，以致龙徽至今仍占据着北京高端葡萄酒市场国产酒的重要份额。

然而，保乐力加和同期进入中国的众多外企一样，喜欢用他们的思维来操作这片令他们感到陌生甚至费解的市场。在随后中国市场出现了"干红热"的特殊时期，法国人没有与当时快速发展的国内市场营销形式相结合，拒绝广告宣传、拒绝非目标客户群的购买、拒绝任何形式的促销、拒绝针对性营销以外的其他营销方式等，只专心做分销。频繁的涨价、对中国市场的误判，使新合资公司的业绩每况愈下。经过六七年的折腾，由于过窄的销售领域、过小的销量、长期入不敷出，原先盈利水平高居全国第一的北京葡萄酒厂变得步履维艰。到2000年末，累计亏损已达1亿多元，企业濒临破产。此时中法双方都认识到这桩跨国"婚姻"如果还不能果断地了结，企业可能连最后一点翻盘的机会都要丧失。

当时在北京一轻控股有限责任公司董事长刘渊、总经理陈天宝的领导下，在2001年保乐力加集团分别以1美元和385万美元的价格，将自己在"北京龙徽酿酒有限公司"、"北京保乐力加酿酒有限公司"的股份卖给北京葡萄酒厂，其资产日后通过合法渠道成为龙徽发展资本的重要部分。1美元收购亿万资产以及债权债务、土地使用权和龙徽商标价值等，也从此成为企业

葡萄酒展柜

资本并购的经典案例。

虽然法国人的市场理念在中国行不通，但他们的先进设备以及对葡萄酒一丝不苟的精神已经深深融进了龙徽的文化。在继任的总经理刘春梅的带领下，龙徽成功渡过了最艰难的时刻，不仅继承和发展了龙徽葡萄酒这一高端品牌，还恢复了桂花陈、中国红等传统名牌的市场份额。

"那时候，外方管理人员过多，费用及管理成本实在太高。"刘春梅在接受一家媒体采访时曾经如是说，"由于外方管理者不太了解中国市场，采购成本也一直居高不下。而我们拿回控制权后，管理成本和采购成本则下降了很多。"

2004年4月，北京红星股份有限公司、福建吉马集团加盟龙徽酿酒有限公司，以增资入股的方式成为龙徽的股东。自此，龙徽走上了以我为主、吸纳优质民营资本的发展历程。

2006年，总经理刘春梅与公司领导班子全体成员达成共识，结合公司实际情况，充分发掘可利用资源，果断确定了"再造企业文化"的发展战略，以龙徽葡萄酒博物馆为载体和依托，大胆创新文化营销的推广模式，将体验式营销与博物馆之旅完美融合，通过为参观者和消费者量身定做的体验过程，让其在感受葡萄酒文化、增长葡萄酒鉴赏知识的过程中，进一步了解以龙徽为代表的中国葡萄酒的发展历程与文化渊源。

龙徽历年所获奖项

# 龙徽荣誉

　　2003 年 12 月，中国葡萄酒酿造权威专家郭其昌老先生访问龙徽，点评龙徽西拉、怀来珍藏，并为龙徽题字"认认真真地栽培，踏踏实实地酿酒"。

　　在国际顶级葡萄酒评论家史蒂文森编撰的《2004 年世界葡萄酒年度报告》中，龙徽系列葡萄酒曾荣获多项大奖：龙徽公司在亚洲最有价值的葡萄酒厂中排名第一；龙徽庄园干红入选亚洲十大品质杰出葡萄酒，是唯一入选的中国红葡萄酒；龙徽西拉干红在亚洲"最令人激动或非比寻常的发现"中排名第一……史蒂文森在序言中谈及品尝过的龙徽西拉干红时，曾慨叹："这是来自东方沉睡巨人发出的一个信号"。

　　在国际著名葡萄酒专栏作家丹尼斯　葛仕登撰写的亚太地区优秀红酒排名中，龙徽的西拉干红也曾被列为亚洲地区最另人兴奋的发现，红葡萄酒排名第一名，这款获得 2004 年"上海国际红酒与烈性酒比赛银奖"的产品，亦被评为世界最好的 1000 种葡萄酒之一。

　　国际葡萄与葡萄酒组织（OIV）主席赖纳　威特科斯基和总裁费德里科　卡士铁路奇曾

于 2006 年在中国酿酒工业协会葡萄酒分会秘书长王祖明的陪同下到访龙徽，参观了龙徽葡萄酒博物馆，并品尝了五款葡萄酒。两位国际权威对龙徽葡萄酒赞赏有加，称赞其酒体均衡、果香浓郁、橡木气息柔和，是非常适合中国美食的优质葡萄酒，也是具有鲜明中国个性和特色的高品质葡萄酒。

这是以乾隆二十四玺之一的双头龙玉玺为模本，按照 1：15 的比例，用整块香樟木雕刻而成的龙徽印玺的印迹。

## "龙徽"商标

龙徽的商标是一个长期居住在香港、熟悉中国文化的英国人设计的。在西方人的想象中，龙代表着中国，而五条飞腾的龙代表着当时合资的 5 个股东，御玺，是中国古老文明的体现，最高权力的象征。

最初选定的商标名称并不是"龙徽"，而是 "玉玺"。中国人用印信来表示信用，始于周朝。到了秦朝，才有玺和印之分，臣民所用称为印，皇帝用的印称为玺。法方认为玉玺最能象征中华文明尊贵和崇高的一面，然而"玉玺"在商标局繁琐的审查过程中被驳了回来。最终中法双方取了个与"玉玺"相同的意象——"龙徽"二字为商标。1988 年 5 月，以龙徽命名的高级葡萄酒问世。

捌·葡萄美酒夜光杯

# 夜光杯中国红

葡萄美酒夜光杯，欲饮琵琶马上催。
醉卧沙场君莫笑，古来征战几人回。

　　这首《凉州词》是唐朝边塞诗人王翰之作，龙徽"中国红"葡萄酒中有一个品牌就叫"夜光杯"，立意也取自这首《凉州词》。

　　自1955年投产以来，夜光杯中国红多次获得"国家名酒"称号，堪与老"八大名酒"相媲美，1963年更是荣获国家金奖。

　　在博物馆中，可以看到一对珍贵的夜光杯，那是国防大学张震上将赠予酒厂的，上将还曾为酒厂题词，写下的正是王翰的《凉州词》。不过，王震将军将最后一句改为"古来征战凯旋归"，一改古诗悲叹的意境。

　　除了夜光杯之外，在博物馆起源厅的展柜中，还可以看到各个期间美不胜收的各种酒具，有汉代的酒盏，唐代的陶制酒具，元末明初酿造寄存琼浆的酒罐，还有清代光绪年间的温酒器，品酒的兴趣从羽觞开始。

## 夜光常满杯

夜光杯源于古杯"夜光常满杯"。《海内十洲记·凤麟洲》中记载了这样一个故事:"周穆王时,西国献'昆吾割玉刀'及'夜光常满杯'。刀长一尺,杯受三升,刀切玉如切泥,杯是白玉之精,光明夜照。暝夕,出杯于中庭,以向天,比明而水汁已满于杯中也,汁甘而香美,斯实灵人之器。"

我国古代有许多将艺术性与科学性完美融合的精美器具,这种"夜光常满杯"的原理后人分析是:杯子用上等白玉制成,白玉是一种比热较小的物质,相同条件下温度变化显著。黄昏将杯子置于庭院,次日天明杯中水满,杯中的水是水蒸气在白玉上液化形成的。

国防大学校长张震上将题词

夜光杯

## 中国红

"中国红"葡萄酒属于甜型红葡萄酒。酒体呈宝石红色,果香浓郁,酒香协调而持久,酸甜适口,酒性柔和,滋味醇厚。"中国红"葡萄酒主要销往各国驻中国使领馆、各大饭店、宾馆和特供商店。1963年起,中国红葡萄酒一直是我国国宴用酒。它的红缎带包装象征了新中国葡萄酒的一段传奇。1959年,中华牌中国红被选为国庆10周年用酒。其后一段时间,夜光杯中国红替代了中华牌中国红的位置。但1963年起,中华牌中国红葡萄酒再次成为我国国宴用酒。

博物馆保存的夜光杯红葡萄酒酒瓶

# 品酒用何杯

如果你打算用一种酒杯去品尝所有的葡萄酒，可以选择国际标准化组织（ISO）制定的品酒杯，杯身造型类似一朵含苞待放的郁金香，总容量通常为215毫升，也有410毫升、300毫升和120毫升（专用于品尝雪利酒）等不同规格，适用于品尝任何种类的葡萄酒。

无色、无花纹、无雕饰的杯身便于观察葡萄酒的颜色；细长的杯茎方便旋转酒杯加速释放酒香，同时也可避免手握杯壁而提高酒温；较深的杯身可确保旋转酒杯不会溅出酒液，同时也可为酒香留下对流和集中的空间；收窄的杯口有利于聚集酒香，并可将酒液导入舌面的最佳位置。

ISO品酒杯直接展现葡萄酒原有风味，不会突出酒的任何特点，被全世界各个葡萄酒品鉴组织推荐和采用。在斟酒时，一般宜倒至杯身的三分之一，如果用的是215毫升的酒杯，倒至杯身下端最宽处的酒量大约为50毫升，即一瓶750毫升的葡萄酒大约可分出15杯。

此外，还有其他不同类型的郁金香型酒杯：一类杯身向内收拢，到杯口时又略向外展开，如同盛开的郁金香；一类杯身与杯口均向内收拢，但杯身的高度与杯身最大处的直径基本是一比一的比例，如同圆肚郁金香。杯中酒面形状的差异造成了酒液入口方式的不同，从而对舌头不同部位的刺激程度也不同。

ISO 杯子在 1974 年由法国设计, 现为国际公认的品酒杯。酒杯的容量在 215 毫升左右, 酒杯总长 155 毫米, 杯脚高 55 毫米, 杯体总长 100 毫米, 杯口宽度 46 毫米, 杯体底宽 65 毫米, 杯脚厚度 9 毫米, 杯底宽度 65 毫米。

　　用含苞待放的郁金香杯喝酒时, 酒入口直接接触到舌头的中部, 不会特别体验到酒的甜味和酸度, 因此适合自身酸甜协调的酒, 如红酒中的波尔多型酒, 白酒中的夏多内酒。

　　盛开的郁金香杯在酒入口时会将酒的重点放在舌尖, 舌尖的味觉蓓蕾能更多地传递酒中的果味和甜味, 因此特别适合酸度较高, 为此需特别突出果味的酒, 以平衡酒中的果味、甜度和酸度, 如红酒中的黑比诺和白酒中的雷司令。

　　用圆肚的郁金香杯喝酒时, 酒会首先接触到舌头的后部, 酸味蓓蕾会得到最大的刺激, 因此这类酒杯适合用来喝果味浓烈, 而酸度相对较弱的酒。

　　如果是香槟酒类别的起泡酒, 则适合用细高型郁金香型酒杯或高脚的纤长直身杯。这样气泡上升的空间比较大, 形成漂亮的直线, 并且由小变大直至消失于空气之中, 气味香浓诱人。

　　如果酒入口后不是即刻下咽, 而是用舌头在口中搅拌一段时间的话, 则酒杯形状上的差异就不太重要, 因为搅拌会使舌头的各个部位都均匀地受到酒的刺激; 但如果酒入口后即刻下肚, 那酒杯对酒的影响就会显现出来。

# 品尝葡萄酒的步骤

第一步：控制酒温。对于红葡萄酒来说，一般饮用的温度在18℃ - 21℃之间，即清凉室温下，在此温度范围，各种年份的红葡萄酒都处于最佳状态。如果红葡萄酒经过冰镇，其单宁会更加显著，味道会比清凉室温下涩。

而白葡萄酒则恰恰相反，适宜冰镇，因为在9℃ -12℃之间饮用，可以使得清爽和酸涩的口感更为突出。之所以喝葡萄酒时不能用手托着杯子而要以手指捏住高脚杯的杯茎，就是为了避免酒温升高而影响酒的协调性。

第二步：醒酒。葡萄酒开瓶后一般会有异味出现，对于红葡萄酒来说，为了彻底"唤醒"，应该将酒倒入醒酒器后稍待十分钟。醒酒器开口较大，这是为了让酒和空气的接触面积最大化，以求让酒充分氧化。

对于白葡萄酒来说，其单宁含量非常少，与红葡萄酒相比更容易氧化变质，因此，一般情况下，饮用白葡萄酒时是不需醒酒的，以免破坏酒的香气和新鲜的口感，尤其是新鲜且多水果味的白葡萄酒最好即开即饮。但是，也有例外。对于个别适合珍藏的不带甜味的白葡萄酒佳酿来说，在年轻时口感往往酸紧封闭而不可口，需要存放多年才能成熟适饮。这样的酒在达适饮期之前品尝，如果先开瓶醒酒甚至换一下瓶，口感会更佳。

第三步：观酒。葡萄酒斟酒时以酒杯横置，酒不溢出为基本要求。在光线充足的情况下将红酒的杯横置在白纸上，观看红酒的边缘，层次分明多是新酒，颜色均匀则是陈年。

第四步：饮酒。在葡萄酒入口之前，先深深在酒杯里嗅一下，感受一下葡萄酒的香气，而后饮入一口，让酒在口腔里多停留片刻，舌头上打两个滚，让味蕾感受不同的口感，再深呼吸一下，充分调动感官，最后全部咽下，一股幽香立刻萦绕其中。一般来说，在品酒时应按照先新再陈、先淡再浓的顺序进行。

# "与世隔绝"软木塞

博物馆起源厅的展柜底部以许多散落着的酒塞为自然装饰，这看起来不太起眼的小东西却隐藏着有关葡萄酒的大学问。

公元前5世纪，希腊人就懂得以软木来塞住葡萄酒壶，不过当时橡木塞瓶并非主流，人们更为常用的是火漆或石膏。到了中世纪，则多用缠扭布或皮革来塞上葡萄酒壶或酒瓶，并以蜡密封。

17世纪中叶，软木塞被广泛应用，开瓶器则被形容为"一条用来把软木塞从瓶子里拽出来的钢蠕虫"。

被选作软木塞的是一种特定地区生长缓慢、终年常绿的橡木，其主要产地在葡萄牙和西班牙。这种软橡木有两层树皮，当老树皮向外生长并死去后便可以收获剥取下来，内层新树皮则继续承担生长的任务。一棵橡木一生中通常可有13-18次有用的收获，树龄25年左右时可以对树进行第一次收获，再9年后第二次，当树龄达到约52年时可进行第三次收获，只有第三次收获的树皮才能适用于制作葡萄酒瓶塞。被剥掉老树皮的树会被小心地标上记号和数字，以便以后的收获者心中有数。

随后，树皮还要通过风干、浸泡、打孔、打磨、清洗等一系列专业步骤才能最终成为瓶塞。软木塞与葡萄酒一样，也是分质量和等级的，树皮的厚

软木塞

聚合塞

螺旋塞

度决定木塞的直径，有些软木塞上会印有酒庄名称和酒的年份。一般普通或中档葡萄酒也会采用碎木组合起来的软木塞，即碎木塞。我们这里主要讲的是整木的软木塞。

软木塞的独特之处在于与酒体的"互动"，因为葡萄酒是有生命的，并且金贵脆弱，对温度、湿度有极高的要求。好的葡萄酒瓶储时需要微量氧气，软木塞具有微透气性，有助于葡萄酒呼吸。

虽然软木塞与葡萄酒相得益彰，既能让酒液"与世隔绝"，又能让其自在呼吸，但偶尔也会有变故出现。随着空气的冷暖干湿变化，橡木塞会收缩或者放大。尤其干燥的空气是软木塞的天敌，会导致橡木塞流失水分，干瘪而收缩，随后让过量的空气伺机而入，令葡萄酒氧化变质。

另一方面，葡萄酒在瓶储过程中是需要酒液和木塞接触的，所以葡萄酒一般都为平放、倒放和倾斜放，而不能让瓶子直立起来。因为如果没有酒液将木塞的一面泡湿了胀开，木塞就会容易干缩。所以，对于所有葡萄酒庄或酒厂来说，"坏塞"都是无法

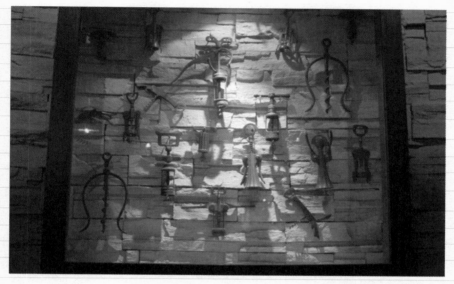

博物馆中收集的老式开瓶器

避免的。

　　如果开瓶后发现木塞是干的，接触酒的那面没有酒液，或者用手捏捏塞子接触酒的部分，如果塞子很硬，没有正常泡在酒液里的那种弹性，基本上可以判断酒氧化变质了。

　　不同葡萄酒软木塞的长度也不同，好酒的软木塞长度应接近50-54毫米，长塞子往往比常规的塞子长出四分之一。一般来说，塞子长的酒品质更好，更具陈年潜力，因为长时间瓶陈，酒液会逐渐往木塞里渗透，长塞封存更加保险，这种长塞子酒以旧世界的为主。

　　如果酒液都渗透到瓶口的木塞了，一般是木塞渗漏了，酒很有可能就坏了。法国著名的爱士图尔酒庄为了更直观地观察酒体和软木塞的"互动"，还曾专门使酒瓶上方的金属皮短于瓶内软木塞的长度，这样，不用开瓶，就可以一目了然。

17 世纪末至 18 世纪中期的法国洛可可风格派宫廷画家让·马克·纳蒂埃的《爱情与葡萄酒的结合》

## 开瓶与爱情

软木塞封口的葡萄酒，应该如何开启呢？

一般开葡萄酒都是使用螺旋式的酒刀。首先，用小刀沿着瓶口的圆圈状突出部位，切开封瓶口的胶帽，注意转手，不要转瓶子。因为如果是老酒的话，瓶底会有正常的沉淀，转瓶子就会让沉淀漂起。有些国家出产的葡萄酒的瓶口会有开封带，这样直接撕开即可。

然后，用餐布拭掉瓶口的灰，将螺丝钻的尖端插入木塞的中间，如果插在边上容易导致木塞断裂或者有碎片掉到酒里，再以顺时针方向钻入木塞中。

如果使用的是蝴蝶型的酒起子，在螺丝钻进去的时候，两边的把手会起来，到了顶部的时候，再将两个把手同时往下一按，木塞就起出来了。如果用的是专业的起子，注意不要将螺丝钻全部钻进木塞，而应留一环，因为如果一钻到底会使软木碎片掉到酒里面。

钻进木塞后，将金属支点放在瓶口，一手握着瓶肩，一手握起子把，向上提，木塞也随即出来了。如果是长木塞，可以在起了一半的时候再钻入一环后再提。

最后，软木塞提起后，要用餐布擦拭一下瓶口，倒出大约 30 毫升的样子试酒，以确定酒是否正常。

葡萄酒开瓶器与葡萄酒一样，也是种类繁多，各有特色，有快启的，有慢启的，有保持木塞完整的，还有刻意保留一点碎木在酒里的。因为法国人有种说法，如果你的酒杯里有掉的木塞屑，那么便会很快遇到爱情。

## 替代性瓶塞

橡木塞由于原木的限制，价格昂贵，产量有限，所以除了橡木塞之外，葡萄酒还有几种替代性瓶塞，如：螺旋塞、高分子聚合塞、玻璃塞等。

新世界的普通酒广泛采用螺旋塞。其好处是不霉变不断裂，能有效避免坏塞，且保持果香浓郁新鲜。弊端在于完全密封，不利于酒在瓶中的陈化，用它密封的酒必须在三五年以内饮用完毕，时间久了，就会出现令人非常不快的味道，即葡萄酒发酵过程产生的硫化物。

故螺旋塞多应用于白葡萄酒和不需要陈年的红葡萄酒上，而需要陈年的红葡萄酒则依旧要用纯天然的橡木塞。

还有一种玻璃塞，在德国十分流行。它拥有螺旋塞一样的密封度，比螺旋塞环保，方便开启，喝不完还方便存放，不受资源限制。它的问题，一方面在于成本比较高，且需要特制瓶型才能使用，另一方面也无法中和密封红葡萄酒时的硫化反应。

# 贴在酒瓶上的艺术

什么是葡萄酒的身份证明呢？答案是酒标。酒标将葡萄酒的信息与绘画艺术、设计创意完美结合，为美酒锦上添花。

龙徽葡萄酒博物馆的产品展示厅内有一面别出心裁的酒标墙，墙上展示了龙徽公司一百年来各个时期所使用过的酒标。酒标墙以年轮形式螺旋状分布，从内到外，由旧到新，从教会酒坊到上义洋酒厂，再到北京葡萄酒厂，最后到龙徽，方寸之间便折射出龙徽葡萄酒百年来的产品沿革与历史足迹，反映出不同时期的政治、经济、历史、文化、风俗等独特印记。

不同历史时期的酒标有着迥异的风格与市场偏好，教会酒坊时期带有浓郁的法国风情，酒标为法文标识；解放初期的产品多带有五角星等元素；著名的国宴用酒代表了北京葡萄酒厂时期的标签特征；而现在的酒标已经很简约并开始在标识上与国际接轨，逐步规范化。

从艺术角度来看，不同国家、不同时期的酒标有着各自的艺术风格和特色，承接着历史与文化；从信息角度看，各葡萄酒产区酒标所标示的内容虽不完全相同，但一般来说都包含酒名、产区、原产地产区管制证明、葡萄品种和年份、酒精成分、容量、装瓶者名称等。

旧世界与新世界的葡萄酒标签风格有一定区别。简单来说，旧世界酒标

酒标墙以年轮形式展示了一百年来龙徽公司所使用过的产品标签，记录了龙徽百年走过的历史足迹与时代印记。带有法文标识的是教会酒坊时期的酒标；带有五角星的是解放初期的产品；著名的国宴用酒代表了北京葡萄酒厂时期；而现在的龙徽酒标则走简约的艺术风格，趋于国际化、规范化。

在信息传达上更为复杂，而新世界相对简洁。旧世界对原产地的约定就是对葡萄品种的界定，一般能找到的仅是原产地，包括法国的 AOC，意大利的 DOC，西班牙的 DO，除了法国的阿尔萨斯和德国部分葡萄酒，基本不再标葡萄品种；新世界葡萄酒产地和葡萄品种之间则没有必然的关系，故其酒标在标出葡萄酒原产地甚或葡萄园后，多会再标注出葡萄品种。旧世界酒标对一些专业词汇的运用多有严格法律约定，新世界则相对宽松随意。

除了产区与品种之外，葡萄酒的年份也是一个衡量酒质的重要指标。年份指的就是葡萄的收获年，气候、日照、雨水等因素变化使得不同年份的葡萄具有成熟度差异，从而影响葡萄酒的质量和寿命。

最后说一下装瓶。装瓶分为产地装瓶与酒商装瓶，产地装瓶的葡萄酒相对来说更有品质保证，不过，一些信誉好的对酒严格控制的酒商也不乏佳品。

我国法律规定，进口葡萄酒还必须在瓶后贴有中文背标，介绍该葡萄酒及酒庄的背景，以及按照进口规定所必须标注的中文信息，包括葡萄酒名称、进口或代理商、酒精含量、糖分含量等，以供消费者辨识。不过，背标通常是补充信息，关键信息还是主要来自于正标。

木桐酒标

# 酒标艺术

　　早期的葡萄酒庄都是将还在橡木桶内的葡萄酒出售给葡萄酒中间商，由中间商负责将酒熟化、装瓶、贴标签、投放市场。由于没有权限直接接触成品，酒庄对瓶子的外包装基本没有兴趣，而中间商多是用寥寥文字说明酒的出处、年份之类。早期酒标的功能单一，样式也很简单。

　　绘画艺术与葡萄酒文化在真正形式上直接结缘，是源自20世纪的菲利普·德·罗思柴尔德（Baron Philippe de Rothschild）男爵，他是目前法国五大酒庄之一的木桐·罗思柴尔德酒庄（Chateaux Mouton Rothschild）的主人。1924年，菲利普改革当时现状，将葡萄酒从收获到完成全部装瓶过程之后再直接出售成品。从那时起，葡萄酒的标签开始扮演重要角色，意味着商标、商品来源的证明和质量的保证，也是一款葡萄酒的个性签名。菲利普男爵委托当时颇具名气的招贴画专家让·卡卢（Jean Carlu）为当年的葡萄酒设计了标签，由此开创了葡萄酒标签艺术化设计的先河，引来其他酒庄纷纷效仿。

玖·藏在地下的葡萄酒灵魂

# 地下 5 米

    若想真正了解葡萄酒，就应该去葡萄园、去酒厂、去酒窖转一转，从葡萄种植采摘、酿造发酵到熟化贮藏，亲身经历一下葡萄酒的酿造过程，远胜于读若干本葡萄酒专业书籍。

    葡萄酒的灵魂是在窖藏过程中慢慢发酵而成的，酒窖堪称葡萄酒厂的灵魂所在地。对于龙徽葡萄酒博物馆来说，建于 1956 年、如今依旧生机勃勃的地下酒窖既是北京现今最典型的工业遗存，更是葡萄酒博物馆中最为神秘、最让人神往的地方。

    参观完地面上的几个展厅之后，沿着幽深的阶梯向下，便来到了堪称酒厂历史馆的地下酒窖。这组由地下 5 米深向地下 11 米深延伸的地下建筑群贯通整个古老厂区，规模宏大壮观，拱洞幽深神秘，素有"北京第一酒窖"的美誉，是 1956 年由北京市政府拨专款修建的。

    墙上的微生物群落，非一朝一夕所能形成，也体现着酒窖的历史。葡萄酒在橡木桶内陈酿，酒精和水分挥发到墙壁上，天长日久形成了微生物群落，霉菌的形状仿佛天使的翅膀，更加有益于葡萄酒的发酵，同时，也反映了酒窖适宜的湿度和温度。

    酒窖第一廊展示的是 20 世纪 50 年代酿酒用的 5 吨橡木桶。这种取材自

5 吨橡木桶

功成身退的橡木桶 　　　　　　　　橡木桶人孔

东北吉林的巨型橡木桶与一位新中国领导人有着鲜为人知的历史渊源，正是当年领导视察酒厂后特批才艰难得来的，解决了当时迫在眉睫的橡木桶危机。

十来个已经功成身退的橡木桶在逼仄的空间里一字排开，俨然一幅英雄迟暮的景象。由于年久空置，没有了酒液的浸泡，大部分橡木桶都出现了干裂变形。

橡木桶下方的方孔叫做人孔，让参观者难以想象的是，虽然这些孔很小，但身材瘦小、有一定技巧的工人能够钻入桶中，清洁橡木桶内部。

酒窖里分为桶储和瓶储两部分，独到的两重窖藏工艺赋予了葡萄酒协调圆润的口感和完美的酒体布局。

第二、三廊则是法国原装橡木桶的陈酿区，在这里，参观者可领略到橡木桶在葡萄酒第一重窖藏中的独特魅力。

世界上所有高品质的葡萄酒都要进入橡木桶进行陈酿，这里的上等葡萄酒也不例外，精选系列葡萄酒既达到了木香、果香、酒香的协调，也做到了一类、二类、三类香的完美融合。

法国原装进口的橡木桶，每个桶价值 8000—12000 元人民币。225 升的容量，可以灌装成 300 个标准瓶。一般一个橡木桶可以使用 2 至 3 次，由于循环使用会使葡萄酒的增香作用衰退，为了保证葡萄酒的品质，目前酒窖中陈列的这些橡木桶仅使用 2 次就不再使用了。橡木桶陈酿时间大概一年半左右，当然，根据葡萄品种和风格，各种酒之间的陈酿时间也有所差别。

第二重窖藏则是瓶储，在酒窖内，橡木桶内陈酿结束后，就要将酒灌装到瓶内进行储藏，为期 6—12 个月。这段时间中，葡萄酒在更为安静独立的环境下成长，酒的香气更为细腻、协调、柔和，口感更加丰富柔顺。

酒窖桶储廊

废弃橡木桶制作的家具

工厂橡木桶储酒

# 为何要用橡木桶贮酒？

　　据英格兰酿酒史记载，17世纪，英国的制酒商为抗拒政府征收的麦芽税，遂制作大小不一的橡木桶，将所有的酒装入橡木桶中贮入山洞。一年后，他们将酒桶取出。令人意想不到的是：酒的颜色变成了金黄色，味道也异常香醇，并伴有一种从未有过的芬芳气味。人们经过仔细研究发现原来是橡木桶的奇特功效。因为橡木本身含"单宁酸"，可快速催酒成熟，短时间内使酒变得更加香醇，更接近琥珀色。于是，橡木贮酒便开始应用了。

　　橡木桶会带给葡萄酒一些特有的香气和滋味，比如：奶油味、香兰素味、烟熏味等。然而，无论何种木桶都是葡萄酒的附属品，它的作用只能是烘托葡萄酒的质量而不能喧宾夺主。它需要有睿智、经验丰富的酿酒师靠着有着良好潜质的葡萄酒来发挥其作用，否则便会适得其反。橡木桶工艺只能使好酒成为更好的酒，而不能使坏酒成为好酒。因此，只有不超过30％的好酒才有必要使用橡木桶，而质量一般的酒就没有必要再经过橡木桶陈酿了。如果一定要这样做，反而是画蛇添足，将酒的一点新鲜感弄没了，因为普通葡萄酒承受不了橡木桶的改良作用。

　　在博物馆的地下5米酒窖中可以看到用废弃的橡木桶制成的吧台、酒桌、椅子等，风格独特，极具创意，透着葡萄酒的别样风情，古朴自然。

酒窖瓶储处

## 葡萄酒如何储存

　　葡萄酒储存的两个重要的因素就是温度和湿度。葡萄酒最佳的保存温度应该是13℃左右（8℃–14℃）。湿度的影响主要是对软木塞，一般来说，湿度在60%–70%比较适宜。长期保存的葡萄酒一定要放到避光的地方，葡萄酒瓶采用深色瓶也是出于这个原因，避免因光照造成葡萄酒的氧化。

## 生命的姿态

　　除了温度和湿度之外，葡萄酒的生命还与姿态休戚相关。葡萄酒应该平放，或瓶口向上倾斜15度，尽量保持静止，不要时常搬动。对于优质且具有陈年潜力的比较年轻的葡萄酒来说，平放是最佳的保存方式，但过了一定时期，就要将其直立放置。而烈性酒则是需要一直平放的。

# 地下 11 米

　　从地下 5 米酒窖再往下走，便是真正生产区域的酒窖——地下 11 米酒窖。这里储存着大量葡萄酒的基酒和起泡酒的基酒，并且也是 VIP 贵宾的私人储酒区域，由于葡萄酒窖藏需要安静干净的环境，所以平时很少对外开放。

　　酒窖内依南北向主甬道分为东西两个贮藏区，纵横着六个巨型拱洞。东区是当年生产葡萄酒的地方，西区是如今储存和品尝佳酿的地方。沿石阶缓缓而下，走进酒窖，一股葡萄酒的特有醇香扑鼻而来。

　　这里的温度自然恒定在 14℃，湿度较大，酒窖通道两侧的墙壁背后是存储着葡萄酒基酒的水泥储酒池。硬冷的水泥墙透着一些湿意，很难想象醇美的葡萄酒就出自于这粗糙触感的背后。

　　需要进入橡木桶的酒通过墙壁内专门的葡萄酒输出通道被传送至橡木桶区域陈酿，墙壁上的金属阀门便是控制管道的枢纽。

　　这个区域储存着龙徽级别最高、品质最好的几款葡萄酒，堪称京城私藏。这些陈酿葡萄酒所采用的橡木桶是与著名的法国拉菲酒庄相同的橡木桶，整桶酒的销售价格约为 38 万元。

　　陈酿出桶后便被灌装到瓶中，以瓶储形式享受地下 11 米独有的最适宜葡萄酒储藏的环境。私人酒窖前面的标牌显示着酒的种类、储存日期等，酒

酒窖私人藏酒

地下 5 米酒窖瓶储廊

窖内上下两个格子合称为一龛，可以容纳一桶酒。每一窖根据大小不等，能够容纳 3-4 桶酒。瓶储在这里的酒都没有贴标，这样做出于两个原因：最主要的原因是，由于酒窖湿度大，贴标容易腐烂，瓶酒在最终出厂时还有冲瓶、贴标的步骤；其次，酒厂还可以根据客户的不同需求，制作个性化酒标。

# 奇妙的发酵过程

以红葡萄酒来说，在葡萄发酵过程中，酒精发酵作用和固体浸渍作用同时存在，前者将糖转化为酒精，后者将固体物质中的单宁、色素等酚类物质溶解在葡萄酒中。因此，红葡萄酒的颜色、气味、口感等与酚类物质密切相关。

而以澄清葡萄汁发酵的白葡萄酒在发酵过程中不存在葡萄汁对葡萄固体部分的浸渍现象，故白葡萄酒色泽淡黄，含糖量比红葡萄酒高，酸度也稍高，口味纯正，甜酸爽口。此外，干白葡萄酒的质量主要由源于葡萄品种的一类香气和源于酒精发酵的二类香气以及酚类物质的含量所决定。所以在葡萄品种一定的条件下，影响干白葡萄酒质量的工艺条件主要在于葡萄汁取汁速度及其质量、影响二类香气形成的因素和葡萄汁以及葡萄酒的氧化现象。

由酿酒葡萄变成了葡萄酒，会发生一系列的化学反应，酒的营养和成分也比单纯的葡萄要丰富许多。比如，葡萄酒中的单宁。单宁是葡萄酒的骨架和天然的抗氧化的防腐剂，它来自葡萄的皮、梗以及橡木桶，体现在口感中便是那种涩的感觉。葡萄酒陈年的能力就源于单宁，一般成熟果皮的单宁会好些，梗上的单宁则青涩些，上好的单宁十分细腻，差些的单宁则粗糙。

饮用葡萄酒时，闻到的各种香气，主要来自于葡萄品种及其种植地的土壤。香气一般分为三种：第一种是果香，比如酒里有浆果、樱桃、柠檬、菜椒、

置于德国海德堡的据说是世界上最大的橡木桶

16世纪意大利画家委罗内塞为圣乔尔乔·马乔里修道院创作的大型装饰画《迦拿的婚礼》,题材取自《圣经》中耶稣在迦拿的一场婚宴上将水变为葡萄酒的故事。

各种花香等等;第二种为酿造过程中产生的香气,比如说来自橡木桶的香草、烟熏、咖啡、巧克力等气味;第三种一般指的是有点陈年的老酒的香气,比如甘草、蘑菇、饼干、动物香等等。

葡萄酒中的酒精基本是葡萄内的糖经过发酵后得来的,葡萄经过发酵后,酒里的糖分就变少了,平常所谓的干红、干白中的"干",便是指糖。干葡萄酒糖度一般都小于等于4g/l,品尝时已感觉不到甜味,能更为充分地体现葡萄品种的风味,所以对干酒的品评是鉴定葡萄酿造品种优劣的主要依据。

# 瓶中酒储多久

　　越好的葡萄酒就越禁得起陈年。具
有陈年价值的酒，价格一般较为昂贵；
如果保存适当有些甚至可以存放十数年
乃至数十年。市面上的葡萄酒90%以
上是不能陈年的，最好在一至两年内就
喝掉。在超市买的酒，或是一些普通的
葡萄酒千万不要一放好几年。葡萄酒也
是有生命的，不要等它已经死亡腐败了，
才拿出来喝。

　　如果一瓶酒，开启了但一时无法喝
完，最好用真空酒塞即真空保鲜器将酒
瓶中的空气抽光，再塞上酒塞，这样可
以多保存几天，但不要超过一周。

拾·葡萄酒是种出来的

# 北纬 40 度

古语有云："橘生淮南则为橘，生于淮北则为枳，叶徒相似，其实味不同。所以然者何？水土异也。"隔了一道淮河，南北两边种出的橘子味道便大相径庭，足见土壤和气候对于植物生长的影响。

在葡萄酒的天地，法国人常说"葡萄酒是种出来的"，并且单独创造出一个词 Terroir。这个针对葡萄酒的法国术语至今也没有被准确地翻译成中文，有人理解为"区域化"，有人称之为"风土"。简而言之，它是指土地（土质成分、土壤结构、表土层颜色等）、地形（海拔、坡度、日照朝向等）、地理位置（附近的山脉、海洋、河流、湖泊等）、气候特征（日照时间、降水量、有效积温、昼夜温差、湿度、风向等）以及微生物等自然条件甚至人文环境的总和，通过葡萄，再加上农艺和工艺的后天条件给予葡萄酒的特殊特点。

在法国人眼里，土壤多样性是上天赐予酿酒者的财富。波尔多左岸的土壤主要为沙质土壤，排水性能很强。几千年前由于海水退却而留下的砾石层、海洋生物化石层随处可见。而右岸则远离海洋，是一种黏土、淤泥、沙子和石灰石的混合土质。法国东北部的香槟产区为白垩土壤，东南部地区的薄若莱为花岗岩土壤。多样的土壤，造就了这些闻名遐迩的葡萄产区不同品种葡萄酒复杂的香气和口感。

位于怀来的葡萄种植园

　　龙徽早期的葡萄园在北京，后来选在距北京八十公里、有一千二百多年葡萄栽培历史的河北省怀来县一处两山夹一川的"峡谷盆地"。

　　除了特定土壤对葡萄品种与风味的影响以及其他综合因素外，气候因素也是影响葡萄酒风味的最重要、最活跃的因素。光照、量度、降水等天气条件都是葡萄生长和结果所必需的，特别是夏秋季的天气状况。

　　怀来峡谷盆地位于北纬40度16分，气候条件与处在同一纬度的法国著名葡萄产区波尔多非常接近，夏季炎热少雨，秋季晴朗干燥，年日照时数3027小时，与波尔多好年份的日照数持平；雨量适宜，年平均降雨量358毫米——是波尔多平均降雨量的1/3。

　　在这里，晚熟的著名欧亚种酿酒葡萄都能够完全成熟，并且品质极佳。日照时间、最热月平均气温、葡萄浆果膨胀成熟期间的昼夜温差等气候条件，甚至比波尔多更胜一筹。最热月平均气温高，有利于葡萄的着色和成熟；昼夜温差大——超过 10℃以上，有利于葡萄浆果的营养积累，增强葡萄果实的果香、糖度和口味。葡萄在这里不仅能获得足够的糖分和适宜的酸度，而且红葡萄的多酚物质在怀来的暖阳下可以充分成熟；而白葡萄由于昼夜温差大，获得丰富又复杂的果香。所以这里种植的赤霞珠、美乐、西拉、佳美、夏多内等品种酿制的葡萄酒有着非常产地化的特色与口感。

"怀来盆地"的这一块狭长峡谷地区，经中外葡萄及葡萄酒专家论证，是国内最有希望生产出中国 AOC 级葡萄酒的地区。

从土地的角度来看，怀来处于世界葡萄栽培的黄金带上。距今大约一亿三千七百万年的侏罗纪到白垩纪时代，巨大的燕山造山运动引起了怀来地区的地质变化，石灰岩、黏土质和泥灰岩不断沉积进化，形成了今天适合酿酒葡萄种植的垂直性、多样化的土壤结构。这种全世界独一无二的六层土壤由细砂、砂石、砾石，以及较深的花岗岩石、黏土构成，兼具波尔多、香槟、薄若莱三个世界知名葡萄酒产区的特点。奇异的土质结构分别从营养吸收、保温、透气及散热方面养护着葡萄苗的生长发育。细致的垂直分层使生长在这里的每一颗葡萄都享受着贴身式的呵护，酿造出的好酒更加精致醇美。

这里的葡萄园多建在荒瘠的丘陵缓坡地上，新挖掘的葡萄沟富含沙砾、鹅卵石等；土壤为沙砾壤土，贫瘠透气，排水良好；葡萄产量较低，品质却是万里挑一。

# 葡萄爱受苦

　　为什么荒凉沙石地可以成就优质葡萄呢？因为葡萄种植在这样的土壤上，根系会扎到很深的地下去吸收水分和矿物质，增强葡萄汁中矿物质的含量，赋予葡萄各种香味。贫瘠的坡地恰恰是葡萄的家园，正如法国人常说的："葡萄应受一定的苦，方能充分表现自我。"

葡园土壤分层

# 怀来的葡萄品种

  是否所有葡萄都能用来酿葡萄酒呢？我们平时吃的葡萄可以吗？一般来说，平时直接食用的葡萄是不适宜用来酿制葡萄酒的，因为这类葡萄个大，纤维多，水分含量高，含糖量偏低，酿不出好酒来。酿酒葡萄一般都是颗粒较小的"浓缩精品"。

  明代徐光启在《农政全书》卷 30 中曾记载了我国古代栽培的葡萄品种：张骞使大宛，取葡萄实，于离宫别馆旁尽种之。一名葡萄，一名赐紫樱桃。《广志》曰：有黄白黑三种。水晶葡萄，晕色带白，如着粉，形大而长，味甘。紫葡萄，黑色，有大小二种，酸甜二味。绿葡萄，出蜀中，熟时色绿。至若西番之绿葡萄，名兔睛，味胜糖蜜，无核，则异品也。琐琐葡萄，出西番，实小如胡椒。云南者，大如枣，味尤长。波斯国所出，大如鸡卵，可生食，可酿酒。

  20 世纪 80 年代以前，国内主要的酿酒葡萄只有玫瑰香、龙眼、白羽、贵人香、红玫瑰、山葡萄、烟 73，它们酿造的几乎全部是甜酒。

  怀来产区种植的是什么品种的葡萄呢？首先，我们来了解一下如今通用的酿酒葡萄品种。全世界有超过 8000 种可以酿酒的葡萄品种，但可以酿制上好葡萄酒的葡萄品种只有 50 种左右。全球的葡萄酒绝大多数是使用欧亚

葡萄味甘平無毒主筋骨濕痺益氣力令

人肥健耐寒利小便瘡疹不發取其子

汁釀酒甚美不可多食其形色非一顆

大抵切用有優劣也丹溪云葡萄能下

走滲道西北人禀厚食之無恙東南人

食多則病熱矣

明代宫廷写本《食物本草》中有关葡萄的介绍

赤霞珠 (Cabernet Sauvignon)

西拉（Syrah）

种（Vitis Vinifera）科属的葡萄品种酿造，有约 3000 种属于欧亚种的葡萄品种可用来酿酒，主要分为红葡萄和白葡萄两大类品种。

1987 年龙徽酿酒公司成立，作为国内第一家由法国人担任总经理、由法国酿酒师主理酿酒的企业，龙徽引进的葡萄品种，具有明显的法系特征。

由于许多酿酒葡萄中文译名不一，所以刚入门的葡萄酒爱好者往往被弄得一头雾水。怀来产区主要种植的红葡萄品种有赤霞珠、西拉、美乐、黑比诺、佳美、夏多内、雷司令等世界名种葡萄。

下面就给读者朋友简单介绍几种具有代表性的酿酒葡萄名种。

赤霞珠（Cabernet Sauvignon），译名很多，有卡伯纳·苏维翁、解百纳·索维浓、雪华沙等，是波尔多地区传统的酿制红葡萄酒的良种，被称为红葡萄家族的"国王"。世界上生产葡萄酒的国家均有较大面积的栽培，也是我国目前栽培面积最大的红葡萄品种。该品种容易种植及酿造、适应性较强、酒质优，可酿成浓郁厚重型的红酒，适合久藏。但必须与其他品种调配（如美乐等）经橡木桶贮存后才能获得优质葡萄酒。

品丽珠（Cabernet Franc），还被译为卡伯纳·佛朗、卡门耐特、原种解百纳等，是波尔多及卢瓦河区古老的酿酒品种。与赤霞珠、蛇龙珠（Cabernet Gernischt）是姊妹品种，富有果香，清淡柔和，酒质不如赤霞珠，适应性不如蛇龙珠，不太具备陈年能力，常与赤霞珠和美乐搭配。

赤霞珠、品丽珠、蛇龙珠皆原产法国，1892 年引入中国，在我国并称"三珠"，解百纳（Cabernet）也是这三个品种的统称。当时，同被引入的还有同样原产法国的美乐。

美乐（Merlot），还被译为梅乐、梅鹿辄等，是波尔多的伟大红葡萄酒品种之一，在红葡萄品种中素有"公主"之称。产量大且早熟，果香浓郁，酸度低、单宁柔顺，可提早饮用，也可久藏。

赤霞珠单宁厚重、结构感强，有长时间的陈酿潜力；美乐葡萄柔和润滑、果香馥郁，最适合中国人的口感。

夏多内（Chardonnay）

品丽珠（Cabernet Franc）

桑乔维赛（Sangiovese）

琼瑶浆（Gewurztraminer）

这两种葡萄是法国波尔多地区最普遍、最重要的品种。波尔多左岸的五大酒庄，以及波尔多右岸的蓓翠、白马和欧颂等三大名庄的佳酿都是以它们为原料。正是它们构成了世界八大酒庄的精髓！

西拉（Syrah/Shiraz），还被译为席哈、西拉子等。西拉最早种植于法国中部的罗纳河谷，于13世纪获得教皇克莱蒙五世青睐，从此名扬世界，同时也是澳洲最重要的品种。西拉被誉为红葡萄中的"王子"，陈年能力不亚于"国王"。年轻时以花香及浆果香味为主，成熟后会有胡椒、丁香、皮革、动物等复杂香气出现。

龙徽的怀来珍藏系列中的赤霞珠、美乐、西拉三款葡萄酒就是分别以这三种酿酒葡萄中的翘楚酿制而成，堪称目前国内高品质葡萄酒的杰出代表。

黑比诺（Pinot Noir），译名有黑品乐、黑皮诺、黑品诺、贝露娃等，也是原产法国的伟大而古老的酿酒名种，堪称红葡萄中的"皇后"，是法国酿造香槟酒与桃红葡萄酒的主要品种。黑比诺早熟、皮薄、色素低、产量少，适合较寒冷的地区，对土壤与气候要求相当严格，被称为酿酒葡萄世界最娇嫩的贵族，也是公认最难酿造的葡萄品种。黑比诺最好的种植区在勃艮第，那里出产的黑比诺红葡萄酒十分珍贵，其中拿破仑最喜欢的就是哲维瑞香贝丹的黑比诺红葡萄酒。

黑比诺香气浓郁，年轻时有丰富的草莓、樱桃等浆果香味，陈年成熟后，香气富有变化，带有香料、动物、皮革等复杂香味，且熟化后有着回甜的悦人味道。目前，龙徽的怀来葡萄园中便引进种植了少量的黑比诺。

佳美（Gamay），还被译为加媚，是法国勃艮第薄若莱产区特有的品种。每年9月，薄若莱人用独特的工艺在两个月内将刚采摘的佳美葡萄酿成新酒，并于当年11月第三个星期四在全球同步上市。龙徽曾用薄若莱工艺酿造出中国唯一的佳美新酒。

白葡萄中，夏多内（Chardonnay）是最经典的酿酒品种之一，其译名还有查当妮、莎当妮、霞多丽等。法国勃艮第夏布利产区的夏多内白酒最为知名，波旁王朝时代，勃艮第的夏多内葡萄酒深受宫廷的喜爱。

美乐

怀来珍藏

赤霞珠

酿酒师萨巴特

古埃及金字塔中葡萄采收及酿酒的壁画

夏多内所酿的白葡萄酒多为干型、中等或重酒体，因产地和酿酒方式的不同而类型多样，风格不一，品质有高有低。夏多内的生命力旺盛，亩产量高的只能酿制资质平庸的普通餐酒，只有严格控制产量的高品质葡萄才可以酿制出优质的夏多内葡萄酒。龙徽夏多内白酒摆脱了一般国内夏多内白酒风格单一、香气粗糙、不耐久的缺点，香气细腻持久，果香和花香相得益彰，具有独一无二的中国特色。

原产德国的雷司令（Riesling）也译为威士莲，也是著名的白葡萄品种，是德国寒冷地区和法国阿尔萨斯地区的主要酿酒品种。所酿的酒种类多、变化大，从干型到甜型均有，还可用来酿制冰酒和贵腐酒，故被称作千面贵妇，兼具清爽与华贵。法国阿尔萨斯产区的雷司令白酒最能体现这种葡萄的气质。

优质的雷司令葡萄酒有着极佳的陈年潜质，从浓郁的果香到蜂蜜的甜香，甚至独一无二的果酸和浸膏的结合香味，将雷司令的层次变化展现得淋漓尽致。国内雷司令产品不少，但真正能酿造高档雷司令产品，能展现雷司令葡萄真实面目的，只有少数几家企业。

除了上述代表品种之外，龙徽在怀来产区还引进了灰比诺、长相思、琼瑶浆、玫瑰香、白玉霓等知名品种，是国内酿酒葡萄种植品质最高、种类最全的企业之一。

# 冰酒与贵腐酒

　　前面在提到桂花酒的酿制时，说到了冰酒。冰酒的诞生如同一场美丽的错误，追溯其历史，要回到两百多年前的德国。1794年晚秋，德奥地区的弗兰克尼（Franconia）葡萄园遭受了一场突如其来的霜害，成片的葡萄被冰冻在枝头上。为了挽回一些损失，酿酒师将小心采摘的冰冻葡萄压榨，并按当地传统方式发酵酿酒，意外发现酿出的酒酒体饱满，酸甜比例平衡，果香浓郁，爽口清新，甜而不腻，特将之命名为"冰酒"。其品种主要有冰白葡萄酒和冰红葡萄酒。

　　加拿大是冰酒的重要产区，VQA（加拿大酒商质量联盟）对冰酒（icewine）的定义是：利用在 −8℃ 以下，在葡萄树上自然冰冻的葡萄酿造的葡萄酒。葡萄在被冻成固体状时才压榨，并流出少量浓缩的葡萄汁。这种葡萄汁被慢慢发酵并在几个月之后装瓶。在压榨过程中外界温度必须保持在 −8℃ 以下。

　　冰酒必须采用天然方法生产，绝不允许人工冷冻，因而葡萄必须得到妥善保护以防剧烈的温度变化，加之，酿造冰酒的葡萄是留在葡萄树上的最后一批葡萄，人们还要想方设法防止鸟兽来偷食。据说全世界只有奥地利、德国及加拿大等少数几个国家的少数几个地方，在温度、气候与各方面条件都配合的状况下，才有条件酿制出高品质的冰酒。由于生产方式独特、产量稀少，即便在冰酒

灰比诺（Pinot Gris）

雷司令（Riesling）

美乐（Merlot）

玫瑰香（Muscat）

琼瑶浆（Gewurztraminer）

长相思（Sauvignon blanc）

歌海娜（Grenache）

马尔贝克(Malbec)

产地，冰酒佳酿也是十分难得的，其最佳饮用温度为冷藏至 4℃ –8℃。

贵腐酒的问世与冰酒有着极为相似的偶然性。贵腐酒是源自匈牙利的一种很珍贵的甜葡萄酒，因利用附着于葡萄皮上的"贵族霉菌"（Botrytis cinerea）酿制而成，故名"贵腐酒"。

某年匈牙利葡萄收获得迟，致使许多葡萄受"贵族霉菌"感染，呈半腐烂的干瘪状，这种葡萄大多被弃之不用，而一名托考伊的果农却利用它酿成了口味异乎寻常的甜酒，被人们称之为"帝王葡萄酒"。

葡萄皮上附着许多霉菌、酵母等各种微生物，而"贵族霉菌"的特殊之处在于：若附着在尚未成熟的葡萄皮上，会导致葡萄的腐烂，是葡萄农的大敌；但若附着于已经成熟的葡萄皮上，则会繁殖而穿透葡萄皮，促使葡萄中的水分挥发，使得糖分、有机酸等有效成分呈高度浓缩状态，且这贵族霉菌还能进行一定程度有效的自然发酵，使最终酿成的甜型葡萄酒卓然不群。

除匈牙利托考伊（Tokaj）之外，法国波尔多的苏玳（Sauternes）也是著名的贵腐酒产区。贵腐甜酒的颜色金黄，陈年会变成琥珀色或橘红色。贵腐葡萄除了甜度非常高之外，还会产生让口感更润的甘油及特殊香气，如水果干、蜂蜜、葡萄干与贵腐霉的浓郁香味。

# 世界著名葡萄酒产区

从地下酒窖再次上到地面展厅，可以看到一幅有灯光显示的立体地图。这是一幅世界葡萄酒产区分布图，参观者可以清晰看到全球南北纬葡萄种植的黄金地带，即以赤道为基准的南北纬40度左右的几个国家和地区。这个纬度的土壤、气候条件以及年降雨量和光照量都非常适宜葡萄的生长。

世界葡萄酒的主产国都分布在南北纬的38度－53度之间，其中北纬黄金带上的国家有法国、德国、意大利、西班牙、葡萄牙、美国等，南纬黄金带上的国家有南非、澳大利亚、新西兰、阿根廷、智利等。

法国，被公认是世上最优秀的葡萄酒产区，世界闻名的11大产区由于葡萄品种、气候条件及地域文化不同而各有特色，包括波尔多、勃艮第、薄若莱、罗纳河谷、普罗旺斯、香槟、鲁西荣、卢瓦河谷、萨瓦、阿尔萨斯、西南地区。

德国是白葡萄酒的圣地，产区以高斯登湖为中心，沿着莱茵河延伸，支流将这个产区划分成11个区域。其生产量大约是法国的十分之一，约占全世界生产量的3%。大约有85%是白酒，15%是玫瑰红酒、红酒及起泡酒。德国白葡萄酒有芬芳的果香及清爽的甜味，酒精度低，特别适合不太能喝酒的人及刚入门者。

博物馆中的世界葡萄酒产区分布图

　　意大利是世界最大的葡萄酒生产国，也是全世界最早的酿酒国家之一，产地面积仅次于西班牙，其著名产区有皮蒙、威尼托、托斯卡纳等。意大利葡萄酒，红酒占大多数，大部分意大利红酒会有较高的酸度，单宁强弱及陈年时间依葡萄品种各有不同。

　　西班牙拥有全世界最大的葡萄园，产酒量仅次于意大利和法国，全国各地几乎都生产葡萄酒，其中以里奥哈、安达鲁西亚、加泰隆尼亚三地最为有名。雪莉酒是西班牙最具代表性的葡萄酒，里奥哈红酒则最能代表西班牙的红酒特色，而以香槟法酿制的起泡卡瓦酒更是以其奔放的口感与细腻的法国香槟形成鲜明对比。

　　葡萄牙以生产波特酒闻名，从南到北，都是葡萄的种植区，主要集中在中部以北的地方，从北部的名浩，到中部贯穿东西的都乐河流域，从首都里斯本，到最南部的产酒区亚伦狄豪，各地出产的葡萄酒都相当不俗。南部是葡萄牙最佳的葡萄产区，出产高级红酒。

美国是新兴葡萄酒大国，90%的葡萄酒在加州酿造，主要产区为纳帕山谷、索罗马山谷和俄罗斯河山谷。最大最出名的葡萄酒产地是威廉美特山谷。美国葡萄酒品种非常多样化，量多质精，其夏多内白酒已然成为加州白酒代名词，赤霞珠红酒则较波尔多红酒更具果香，原生品种金芬黛常被用来酿制粉红酒。

南非葡萄酒风格多样，由于葡萄种植季节较早，新酒上架的时间要比欧洲早6个月。其著名产区从大西洋海岸地区的北部一直延伸到沙漠。开普有几个葡萄种植大区：沿海区、奥勒芬兹河、布利德河谷与克林克鲁等。

澳大利亚与美国并称两大新兴葡萄酒国。最具代表性的葡萄酒产地有南澳大利亚、新南威尔士及维多利亚州，产区主要为巴诺桑山谷和艾登山谷。由于地处南半球，所以大约5月左右便可以喝到新酒，可以说是全世界最早上市的新酒。

阿根廷是南美洲最大的葡萄酒生产商，受西班牙和意大利影响深远，最有系统的葡萄园和酒厂均是由两国的移民后裔设立的。著名产区有圣胡安、拉里奥哈、里奥内格罗和萨尔塔，最重要的是门多萨省。马尔贝克是阿根廷最重要的葡萄，这个源自法国的品种，却被阿根廷的土壤气候激发出了更强的潜力，青出于蓝而胜于蓝。

作为南美洲的第二大产酒国，智利素有"南美波尔多"的美誉。19世纪的葡萄蚜虫大肆虐，法国、澳大利亚、美国加州等葡萄酒产区都深受其害，唯独智利在北有沙漠、南有冰川、东有山脉、西边靠海的独特地理屏障环境下逃过一劫，是全世界葡萄酒产地中唯一没有受过葡萄蚜虫侵害的国家。葡萄园集中在中部山谷，以首都圣地亚哥最为发达。

1849 年伦敦新闻画报刊登的意大利托斯卡纳葡萄采收的报道

# 如何管理葡萄园

欧洲的葡萄酒之所以冠绝全球，是因为大多数酒庄主人都兼具葡萄农的身份，他们能够全程掌控葡萄的种植。也正因如此，产地装瓶才是一种葡萄酒的品质保证。在中国，葡萄种植是大型酒商的软肋，葡萄由分散的农民打理，这便在质量与产量之间埋下了不稳定的杠杆。

20世纪80年代，在国内许多酒厂仍在混淆葡萄品种的时候，龙徽便开始培育种植观念，以法国酒庄的方式来协助果农管理葡萄园。

葡萄采收一般都在10月以前，1993年，由于葡萄物候期推迟，雷司令等品种正常的采摘期需要延后。可是葡农们对此并不理解，因为晚摘势必提高他们的采收成本。龙徽为了推广"种植葡萄酒"的理念，使葡农认识到葡萄对于酿酒的意义，专程将葡农代表请到了北京，由总经理周海平和酿酒师杜尼亲自接待他们，带领他们参观酿酒车间，品尝龙徽葡萄酒，并向果农介绍葡萄质量与葡萄酒质量的密切关系。

杜尼解释说："葡萄早采摘，不成熟，葡萄质量不好，就不能酿出好的葡萄酒。而只有好葡萄酒才能卖出好价格，果农的葡萄价格才会高，收益才能得到保障。"经过双方的充分沟通，专业的酿酒意识感染了龙徽葡萄的种植者们。他们返回葡萄园之后，将葡萄果穗上的病粒全部剔除，待到雷司令晚熟之后才进行采摘。

酿造葡萄酒是一门艺术，管理葡萄园也是如此。

# 原产地控名

原产地控名制度起源于法国，已有百年历史，旨在从国家角度保护以地域名称命名、具有原产地特征和极高声誉的民族传统产品，其中最有代表性的原产地控名产品是法国葡萄酒的世界著名品牌——香槟酒和干邑酒。

1996年龙徽率先引进原产地控名概念，推出龙徽"怀来珍藏"系列葡萄酒。由于当时我国还没有原产地控名的相关法律法规，因此龙徽参照了法国1935年颁布的法定产区葡萄酒标准和国际葡萄与葡萄酒组织(OIV)的相关规定在怀来进行葡萄种植和葡萄酒酿制，对产地、品种、年份、产量、酿制工艺等多方面进行严格控制。

金芬黛（Zinfandel）

　　欧洲著名葡萄酒经销商德瓦特曾这样评价龙徽的"怀来珍藏"系列："这是我经销过的最好的中国红酒，它既富有纯正的欧洲制酒风格，又体现了中国五千年的民族文化，龙徽代表着典型优质中国葡萄酒的风格，我们有信心把它做成欧洲市场上最好的亚洲葡萄酒。"

## 酿酒葡萄中的"百变天后"

　　金芬黛（Zinfandel），又被译为仙粉黛、增芳德，是原产意大利的红葡萄品种，但美国加州才是金芬黛的最佳舞台。在加州，金芬黛被用于酿制各种不同类型的酒，从清淡、带清新果香及甜味的淡粉红酒（White Zinfandel），一直到高品质、耐存、强单宁、丰厚浓郁型的红酒，从有气泡到没有气泡的酒，堪称葡萄中的"百变天后"。

1597 年意大利画家卡拉瓦乔的《酒神巴克斯》，头戴古典风格葡萄藤冠的酒神斜倚在画面上，右手抚着宽松外套的束带，左手擎着满满一高脚杯的红葡萄酒，仿佛在邀人与之共饮。随着文艺复兴的大浪袭来，意大利葡萄酒酿造在 16 世纪时得到了前所未有的飞越。

17 世纪意大利画家圭多·雷尼的《小酒神》，还是小孩子的酒神倚靠着橡木桶，毫无顾忌地狂饮，显出一种不符合年龄的神态，象征着原始的本能与感性的放纵。罗马的一处墓志铭曾这样写道："浴室、葡萄酒和性毁了我们的身体，可要是没有了它们，活着又有什么意思？"

16世纪意大利画家朱塞佩·阿尔钦博托的《秋天》，人物的头发是成串的葡萄，葡萄叶环绕的头顶让人联想到酒神巴克斯，胸部则由橡木桶的箍板围起。这幅讽喻画以超现实主义的笔锋阐释了葡萄丰收的时节。

1881年法国画家雷诺阿的《划桨手的午餐》局部，这部印象派的代表作，洋溢着生活的悠闲氛围与畅饮美酒的快乐。19世纪，一些法国酒厂和酿酒师开始在全世界找寻适合的土壤、相似的气候来种植优质的葡萄品种，研发及改进酿造技术，使世界葡萄酒事业蓬勃发展。

古埃及金字塔的壁画，清晰描绘了当时古埃及人栽培、采收葡萄及酿造葡萄酒的情景。从埃及古墓中发现的大量遗迹、遗物，也足以证明埃及人很早就开始酿制葡萄酒。早期的埃及人将葡萄酒与地狱判官（古埃及的主神之一）联系起来，常将其用于丧葬祭祀。

THE VINTAGE IN CALIFORNIA.—AT WORK AT THE WINE-PRESSES.—DRAWN BY P. FRENZENY.—[SEE PAGE 709.]

1880 年法国国画画家保罗·弗瑞泽尼于美国纳帕峡谷的葡萄园所画作品《加利福尼亚的葡萄酿酒季节》。葡萄园一派繁忙的劳作景象。运送、卸货、踩踏、榨汁、检验……细看会发现，有一部分工人是清朝装扮，长辫子为了方便劳作被盘了起来，那是早期的华人劳工。

16世纪荷兰画家伊泰布鲁克的《酒神的节日》。巴克斯是古希腊宗教重要的神祇之一，最初是掌管万物之神，后成为
植物之神，最后演变为葡萄种植业和葡萄酿酒业的保护神，即酒神。追根溯源，酒神巴克斯是东西方文化交汇逐步衍
生出的形象，第一次酒神节就在巴克斯从东方归来时拉开了帷幕。

后记

# 绵延在纸上的
# 葡萄藤

　　葡萄酒博物馆方圆有限，地上穿梭游遍总有些意犹未尽的感觉，从葡萄酒看文化，从文化思考文明，从工业遗址看历史，从历史映照现实。在葡萄酒的芬芳氛围之下，穿行在近现代工业的诸多老物件中，感悟比葡萄酒更醇厚的历史与文化，一场生动丰富的博物馆之旅就是葡萄酒文明最好的讲解者。

　　从法国圣母天主教会酒坊、上义学校农场酿造所、北京葡萄酒厂再到如今的龙徽葡萄酒厂，这座百年老企业历经一次厂址搬迁、管理方几番更替、老品牌失而复得，依然最大程度地保留下了珍贵的工业遗产，并建立了别具一格的行业博物馆。而在这小小的馆中，让原本对葡萄酒不甚了解的参观者融入了一个新的世界。

　　在中国，葡萄酒似乎离人们很遥远，人们不知道的是，其实在欧洲，葡萄酒是一种非常普通的饮料。当人们选择性少时，人均葡萄酒消费量大，因此大多数酒的价格十分便宜，就好比北京胡同里家常的"二锅头"，这是历史形成的自然市场。

　　18 世纪末，现代玻璃瓶的发展使得葡萄酒具有了瓶装陈年的条件，因此以法国为代表的世界名庄开始酿造具有陈年潜力的上乘酒，葡萄酒再次走入历史上贵族专饮的奢侈品行列，收藏陈年葡萄酒也成为与收藏艺术品、古董一样的奢侈象征。到了 20 世纪，葡萄酒成为大众化饮用酒后，90% 以上的酒在销售后一天之内就被喝掉了，所以新世界的新酒成为普罗大众餐桌上的常见饮品。

只不过，在国内，由于不了解，人们大多还是赋予了葡萄酒过多的本质外的意义，反而让葡萄酒失去了最初的本真。

葡萄酒是一种自然健康的饮品，葡萄酒的酿造是一门艺术，从葡萄到酒，一种水果前世今生的轮回也充满了人生况味与哲学意味。

走在幽深的酒窖，不由想起诗人郭小川在《秋日谈心》中的一句话：生活就像这杯葡萄酒，不经三番五次的锤炼就不会这样可口。

用眼睛摄录所看到的一切，以文字描摹背后的故事，一架架葡萄藤跃然纸上，字里行间飘逸出的酒香醉倒了脚步放慢的灵魂。这是葡萄的京华故梦，也是时光雕刻下的文化印迹。

酒未品，人已醉。

图书在版编目（CIP）数据

北京龙徽葡萄酒博物馆 ／ 许庆元编著．-- 北京：同心出版社，2012.5
（纸上博物馆）
ISBN 978-7-5477-0544-5

Ⅰ．①北… Ⅱ．①许… Ⅲ．①葡萄酒－博物馆－介绍－北京市

Ⅳ．① TS262.6-282.1

中国版本图书馆 CIP 数据核字（2012）第 087176 号

## 北京龙徽葡萄酒博物馆

出版发行：同心出版社
地　　址：北京市东城区东单三条 8-16 号 东方广场东配楼四层
邮　　编：100005
电　　话：发行部　（010）65255876
　　　　　总编室　（010）65252135-8015
网　　址：www.bjd.com.cn/txcbs/
印　　刷：北京京都六环印刷厂
经　　销：各地新华书店
版　　次：2012 年 8 月第 1 版
　　　　　2012 年 8 月第 1 次印刷
开　　本：746 毫米 × 1000 毫米　1/16
印　　张：12.5
字　　数：120 千字
印　　数：1-5000 册
定　　价：39.80 元